滿載全彩照片與品系解說、飼養&繁殖資料

Reptiles & Amphibians Photo guide Series Leopard **Gecko**

一本掌握守宮生態及品種解析

豹紋守宮超圖鑑

海老沼 剛／著 Takeshi Ebinuma
川添 宣広／編・攝影 Nobuhiro Kawazoe
黃筱涵／譯

CONTENTS

Reptiles & Amphibians

Photo guide Series

LEOPARD GECKO

INTRODUCTI

何謂豹紋守宮

豹紋守宮又稱為「豹紋擬蜥」，對爬蟲類稍有了解的人，可能都會覺得「豹紋擬蜥」這名字有些奇妙吧。

以本書介紹的豹紋守宮為首，這些冠上「擬蜥」字眼的生物們，似乎因為「擬」這個詞而產生了負面形象，彷彿從牠們的外表看起來還不夠格列為「蜥蜴」的一員般。但是實際從分類來看，守宮可以說是不折不扣的蜥蜴類成員。只要看看這些「爬蟲類」的分類位置，就能夠理解為什麼豹紋守宮被稱為「豹紋擬蜥」了。

「爬蟲類」大致可分成下列4種：

①擁有甲殼的龜鱉目（龜鱉一族）
②擁有長吻端與角質化鱗片的鱷目（鱷魚一族）
③目前僅存在2種生物，且特徵從遠古時代起就沒什麼變的喙頭目
④爬蟲類中種類最多，且全身布滿鱗片的有鱗目（蛇與蜥蜴一族）

人們一談到爬蟲類就會想到的有鱗目，是爬蟲類中數量最多的一種。分別是身體細長且沒有四肢與鼓膜的「蛇亞目」、外表像蚯蚓般的穴居動物「蚓蜥亞目」、基本上都擁有四肢，且還依棲息環境進化出各種形狀的蜥蜴亞目。一般所談的「蜥蜴」並不是指單一種動物，而是屬於整個蜥蜴亞目的所有動物。日本（尤其是本州）的蜥蜴亞目品系不多，因此一般日本人所談的蜥蜴都是指日本石龍子或日本草蜥，所以或許不太能夠理解「蜥蜴」為什麼不是代表特定品系，而是一整個群體的總稱。

What's

ON

What's Leopard Gecko's

日本壁虎的眼睛沒有眼瞼

豹紋守宮有眼瞼，能夠閉上雙眼

Leopard Gecko's

再來談談種類繁多的蜥蜴亞目，蜥蜴亞目同樣可以細分成數個擁有幾個共同特徵的小族群。生物分類法的分類單位由大至小依序為「目」、「亞目」、「下目」與「科」。其中有一個稱為壁虎科的族群，就是一般住宅常見的「壁虎」，牠們擁有幾項在蜥蜴類中堪稱例外的特徵，地位有些特殊。其中最大的特徵，就是蜥蜴類（也就是蜥蜴亞目的生物）幾乎都擁

INTRODUCTI

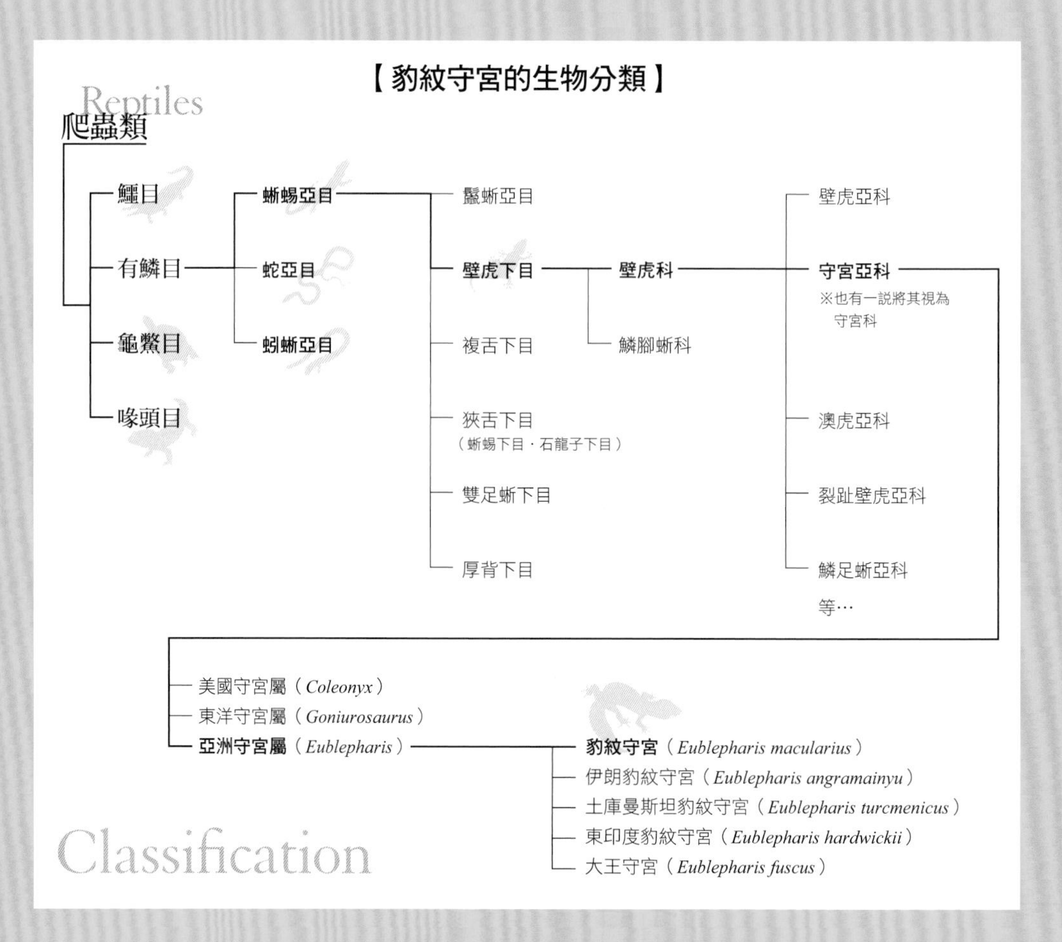

有下眼瞼，能夠閉上雙眼，但是壁虎科與近緣品系——鱗腳蜥科都沒有可移動的眼瞼，僅有一片透明的鱗片覆蓋住眼睛，看起來有點像隱形眼鏡，因此壁虎一族基本上都不會眨眼。其他還有許多壁虎科獨特的特徵，包括像貓眼般的縱長瞳孔、以夜行性為主的活動習性、指掌有許多細長的皺摺（稱為趾下薄板）

What's Leopard Gecko's

能夠藉此貼住牆壁等。從這些獨特的特徵來看，可以知道壁虎一族在生物分類上雖然屬於蜥蜴亞目，但是人們卻常常將其視為獨立類別的原因。日本也經常將「蛇」、「蜥蜴」與「壁虎」視為相同地位的類別探討。

雖然壁虎科應該列為蜥蜴類的一種，但是生物分類畢竟是由人類劃分出的規則，實際上並非所有事物都能夠透過數學概念明確歸類，因此實際情況還是與學說有些落差。壁虎科裡出現了幾種例外，讓相關學者對其是否應列為壁虎科論戰不斷。有些品系雖然屬於沒有眼瞼的壁虎科，但是實際上的特徵卻與其他蜥蜴類相似，例如：其實擁有眼瞼，或是指掌呈現為筆直的棒狀且沒有趾下薄板等，因此日本便將這些「雖然屬於（在蜥蜴類中也屬於例外的）壁虎科，但是卻沒有壁虎的特徵，反而擁有其他蜥蜴類特徵」的品系命名為「守宮（擬蜥）」，而這就是「守宮（擬蜥）」名稱的由來。

近年的生物分類研究持續進步中，相關領域出現了新的學派，認為守宮應另外獨立成守宮科，不應歸類為壁虎科。因此「蜥蜴亞目」這個大型類別中，便出現了地位對等的「壁虎科」與「守宮科」，使「守宮」這個名稱的定位愈來愈奇特了。但是，生物分類本來就會隨著研究進展產生變化，所以這種情況相當常見，無法避免。

經過長篇大論的介紹之後，現在要回歸本書的內容——本書介紹的豹紋守宮即屬於守宮的一種，由於野生個體的外表擁有黃褐色的體色以及細小的黑色斑點，看起來就像豹一樣，所以才命名為「豹紋守宮」。豹紋守宮的英文名稱是Leopard-Gecko（代表擁有豹紋的壁虎），果然意思是一致的。日本的寵物市場覺得豹紋守宮（ヒョウモントカゲモドキ）的名字稍嫌冗長，所以通常會簡稱為「豹紋（ヒョウモン）」，或是取Leopard-Gecko的一部分稱為「Leopa」。

壁虎科的指掌（趾下薄板），能夠貼在牆面上

INTRODUCTI

棲息地與習性

棲息地與習性／外觀

豹紋守宮主要分布在中亞至西亞之間，所以隸屬於亞洲守宮屬*Eublepharis*，同屬種裡共有多達4種的品系（P.117起將詳細解說）。其中，豹紋守宮主要分布在印度的西北部到巴基斯坦、阿富汗南部一帶。

豹紋守宮和其他守宮一樣都棲息在地面上，不太會爬樹或鑽進洞穴，另外也因為沒有趾下薄板的關係，無法爬上玻璃等牆面。

大自然中的豹紋守宮多半棲息在荒野、平原或礫石地帶等乾燥地區，白天通常會藏在岩石的陰影處。雄性個體具有領域觀念，因此同一處巢穴不會有兩隻雄性豹紋守宮，這使得家庭組成多半呈現後宮模式，由1隻雄性豹紋守宮搭配數隻雌性豹紋守宮。豹紋守宮屬於夜行性動物，等天色暗下來後就會離開巢穴外出，牠們主要的食物包括昆蟲類與其他節肢動物，遇到較大型的獵物時也會用強壯的下顎吞食。

外觀

亞洲守宮屬的品系是在整個壁虎科中屬於體型較大的品系，豹紋守宮雖然只是亞洲守宮屬中第3大的品系，但是全長可達20～25㎝。目前世界上也已經透過品種改良，誕生出了更大型的個體。通常雄性個體的體型會比雌性稍大一點，頭圍也會比較寬。

豹紋守宮的頭部偏大，體格較為壯碩，粗大的尾巴具有儲蓄營養的功能。體色從淡黃色到黃褐色都有，黑色小點會不規則地散布在身體各處。不過，目前市面上流通的個體多半經過品種改良，所以也出現了許多與原始色彩完全相異的豹紋守宮。P.17之後將會詳細介紹各品系的特徵，幼體時期的豹紋守宮會呈現黑白相間的橫線花紋，與成體時的模樣大不相同。雖然本種又會細分成5種亞種，但是彼此之間並沒有較明確的差異。豹紋守宮的色彩與體格，也會依棲息地區出現某種程度的個體差異，所以其中幾種才會冠上亞種名稱並固定下來。

ON

Chapter.01

前言

What's Leopard Gecko's

INTRODUCTI

飼育歷史與品種的數量

自古以來日本就輸入許多豹紋守宮當作「飼育型動物」，大約在20年以前，市面上流通的個體以野生捕獲個體為主。但是由於飼育與繁殖相當容易，所以同時也出現了繁殖個體，不過當時幾乎沒有特定的品種，頂多比較常看到名為「高黃」的品系，而這種豹紋守宮的特色就是黃色特別鮮豔。後來新的飼育品種以愈來愈快的速度增加，因此市面上的豹紋守宮就逐漸變成以人工繁殖個體為主了。受到原產國政治不穩定與野生動物進出口規範等影響，目前日本的野生個體進口量已經變得少之又少。雖然豹紋守宮的野生個體幾乎快消失在日本市場上，但是豹紋守宮已經在市場上確立了前所未見的累代繁殖系統，因此現在不僅成了壁虎中最多人飼養的品種，就算在整個蜥蜴類中都屬於最大宗的一種。市面上流通的幾乎都是繁殖個體，且也出現了五花八門的品種。像這樣的狀況在蜥蜴當中也算鶴立雞群，由此可知，要説豹紋守宮已經完全變成寵物了也不為過。

在飼育型動物的領域中，分有鑑賞型飼育與賞玩型飼育。前者的飼主會與寵物保持一定距離，將重點放在寵物的外型、習性與想像其背後的自然因素；後者的飼主則重視「個體特色」大於「品種特色」，會積極介入寵物的生活方式。觀賞魚、兩棲爬蟲類的飼養方式以「鑑賞型飼育」為主，鳥類與哺乳類則以「賞玩型飼育」為主。但是豹紋守宮雖然屬於爬蟲類，卻罕見地吸引了許多賞玩型飼育者。這是因為豹紋守宮的品系隨著時間變得愈來愈豐富，使飼主們察覺到牠們除了品種本身的特色外，每隻個體也都有獨特的性格，能夠帶來相當多的樂趣。現代的豹紋守宮

ON

What's Leopard Gecko's

經歷了長期的累代繁殖，已經徹底脫離野生環境，性質也跟著改變，所以對其他爬蟲類來說會造成壓力的行為（觸摸等），對豹紋守宮來說是可以忍受的（只是可以忍受，但是並不代表需要這麼多接觸），雖然還無法到達貓狗的程度，但是已經可以採取與對待倉鼠等動物相同的態度與豹紋守宮相處了。因此從更極端的角度來看的話，會發現探討豹紋守宮的飼育時，整個格局已經跳脫了爬蟲類飼育，儼然是一個獨立出來的「豹紋守宮飼育」類別。

爬蟲類中很少有像豹紋守宮這樣，能夠讓飼主選擇自己喜歡的體型、性別、品種與適合自己的個性，同時也有明確的飼育與繁殖方法。飼育豹紋守宮的目的五花八門，有些人享受將幼體撫育成長的過程、有些人喜歡從各方面都已成熟的成體中，選擇自己喜歡的色彩或花紋等，有些人則是以繁殖為目的，希望能夠繁殖出目標品種或新的原創品種等，豹紋守宮就是能夠應對如此多樣化的需求。

豹紋守宮的樣貌非常豐富，本書則已經盡可能從這個品種中，列出大量的品系介紹，如果能夠幫助各位順利找到符合自己需求的豹紋守宮，我將深感榮幸。

能夠用手與其互動也是魅力之一（圖為高黃超級巨人）

THE EXTERNAL

身體各部位的名稱

快脫皮的個體，所以全身呈現白濁色澤

體表 以豹紋守宮為首的守宮一族，體表都覆蓋著細緻的鱗片與大型的顆粒狀鱗片。大型的顆粒狀鱗片會以特定的規律，分布在細緻鱗片之間。成體時的顆粒狀鱗片會比幼體時更加明顯。

此外，豹紋守宮也和其他爬蟲類一樣，成長過程中會伴隨著脫皮現象。要脫皮的時候，體表會浮現白濁的色澤，新的皮膚則會在下方成形。大多數的個體都會在脫皮的過程中吃掉老舊的皮膚。

尾巴 豹紋守宮的尾巴積蓄了脂肪，因此相當肥厚。野生個體遲遲抓不到獵物時，就會仰賴尾巴的脂肪撐過飢餓。此外，發現危險時也能夠自行切斷尾巴，藉斷尾轉移對方的注意力並趁隙逃走。這種行為稱為「自行斷尾」，是蜥蜴亞目較常出現的行為。人工飼育的豹紋守宮鮮少自行斷尾，但是仍要小心對待，千萬別用力拉扯牠們的尾巴。斷尾後再生出來的尾巴稱為「再生尾」，形狀會與原本的尾巴略有差異。再生尾的表面光滑，看不見顆粒狀的鱗片，長度也通常比原本的還要短，尖端的線條則帶有圓潤感。再生尾的表面無法重現原始尾巴的花紋，色調也會有些差異。不過，再生尾並不會對個體造成什麼健康方面的問題，只要飼主對外觀沒有特定的堅持，在飼養過程中就不必特別在意。

再生尾的個體。表面呈現光滑質感

ANATOMY

Chapter.02

豹紋守宮的身體

幼體的體表比成體還要細緻

頭部

豹紋守宮的頭部較寬，能夠吞下較大的餌食。

腋下

豹紋守宮的腋下有明顯的凹槽，日本稱其為「腋袋」，目前仍不曉得功能是什麼。有些豹紋守宮的腋袋特別深、特別顯眼，但是這並不會影響到照顧的難度。此外，有些豹紋守宮的腋下會出現脂肪塊，並像肉瘤一樣往外突出，這其實是因為尾巴已經塞不下身體的脂肪，所以才會積蓄在腋下。由此可知，當豹紋守宮的腋下出現塊狀物時，並不是生病，而是表示營養狀態良好的證據。

趾

守宮與一般壁虎類不同，指腹沒有趾下薄板，形狀則是細長的棒狀，且指尖長有爪子。雖然牠們可以利用爪子在物品上攀爬，但是卻沒辦法爬上牆壁等垂直面或材質表面光滑的物品上。

成體與幼體的花紋差異

豹紋守宮在幼體期時，會帶有黑色與黃色等橫線花紋，但是愈接近成體，黑色部分就會漸漸模糊消散，轉變成四散的小黑點。雖然實際情況會依品種而異，幼體與成體的花紋不見得會不同，但是一般而言這兩個時期的花紋會出現變化。下列是一部分的案例：

高黃

土匪

馬克雪花

謎

ANATOMY

Chapter.02

豹紋守宮的身體

頭部

眼睛
豹紋守宮與近緣的壁虎科其他品種一樣，都擁有縱長的瞳孔。由於牠們屬於夜行性動物，所以白天時瞳孔會像針一樣細，夜晚則會擴張成橢圓形。虹膜部分呈現灰色，且帶有細緻的黑色網狀花紋。豹紋守宮的瞳孔、虹膜顏色與形狀都會依品種而異，後面將於各頁中進一步介紹。

眼瞼
守宮最大的特徵就是擁有眼瞼。眼瞼位在眼睛的上下側，屬於可移動的部位，所以休息時能夠閉上眼睛。

耳孔
不只豹紋守宮，包括整個壁虎科在內的蜥蜴亞目都擁有耳孔（這是與同屬有鱗目的蛇亞目間的差異之一）。耳孔深處擁有鼓膜，外緣部則長有整排的小型刺狀鱗片。

頭部（原色）

舌頭
豹紋守宮與其他守宮、壁虎科同伴一樣，都擁有肥厚的舌頭。且前端沒有裂開，嘴邊沾到水時能夠直接用舌頭舔乾淨。

聲音
豹紋守宮不常發出叫聲，但是察覺到危險逼近等的時候會張大嘴巴，並抬起尾巴，如果擺出如此姿勢時仍嚇不跑對方，就可能會發出「呀！」般的聲音。成體幾乎不會出現這種行為，但是較膽小的幼體會被灑水等外來事物嚇到並發出叫聲。

牙齒
雖然豹紋守宮的牙齒不大，但是卻有數顆細緻銳利的牙齒，且下顎擁有很強的力量。雖然牠們很少咬人，但是仍不應突然強力抓住或讓牠們覺得有危險。

謎

白化

超級馬克雪花

暴龍

蛇眼（暴龍）

日蝕

Chapter.02

豹紋守宮的身體

總排泄孔

位在尾巴與身體交接處的孔稱為總排泄孔（❶），尿液與糞便都會從這裡排出。交配時也會使用總排泄孔，雄性會從此處伸出半陰莖，雌性則會以總排泄孔接受雄性的半陰莖。此外，產卵時，雌性也會從總排泄孔排卵。

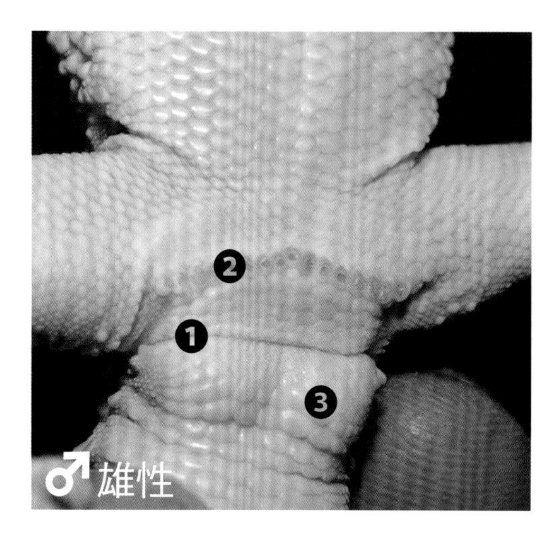

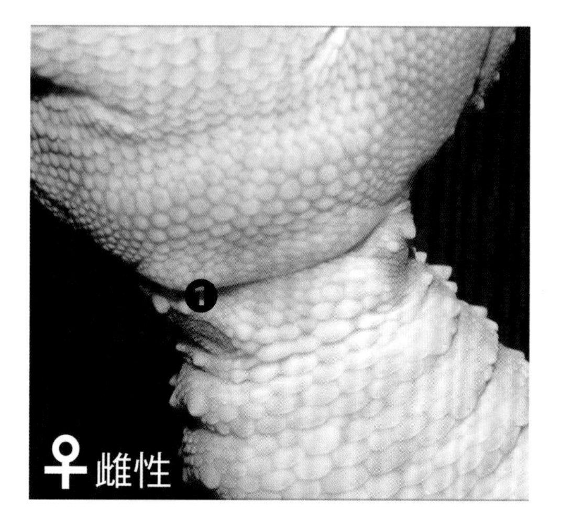

前肛孔（❷）

總排泄孔的前方有排小小的鈕扣狀鱗片排成ㄟ字型，這排鈕扣狀鱗片即稱為「前肛孔」，是雄性的特徵。有些個體的前肛孔很明顯，有些則不太清晰，不仔細看的話可能分不出這些鈕扣狀鱗片與其他鱗片。

隆起處（❸）

雄性個體的總排泄孔往尾巴方向延伸處，會有兩處並排的隆起處，半陰莖就收納在這個地方，交配時會伸出來。

前肛孔

雌性個體沒有前肛孔，此處也沒有比其他部分更顯眼的獨特鱗片。

隆起處

雌性個體沒有隆起處，所以不像雄性那樣可以透過明顯的隆起確認性別。但是有些雌性的總排泄孔往尾巴方向延伸處，也會產生些許隆起的弧度，但是雌性的隆起不會像雄性一樣分成兩塊，而是整體會微微凸出。

在威嚇或獵食時，也有可能像貓一樣舉起尾巴左右晃動

豹紋守宮圖鑑

Chapter.03 Picture Book of Leopard Gecko

Wild Type
野生色

豹紋守宮最初的顏色稱為野生色，由於這種顏色未經任何人工干預，所以有時又稱為「原色」。幼體時的底色為白色或淺黃褐色，並排列著粗黑的橫線花紋。橫線花紋會隨著成長逐漸變得不清晰，最後轉變為黑色的不規則點狀花紋，許多豹紋守宮連底色部分都會出現細緻的黑色斑點。隨著品種改良的發展，日本市面上流通的幾乎都是繁殖個體，野生個體則因為原產國的政局不穩定等因素，變得極度罕見。結果造成現在育種家所繁殖出的豹紋守宮，幾乎都擁有其他品種的基因，就算外表看起來是原色，也混了好幾種不同品種的基因。完全純種的野生型豹紋守宮，在日本已經幾乎找不到了。

Chapter.03

Picture Book of **Leopard Gecko**

但是最近就有育種家著眼於這種情況，開始藉由養來當種原的雌雄野生個體，直接生出純種的下一代，並取名為「純血」或「野生種」等名稱銷售。由於豹紋守宮的基本品種高黃通常稱為「原色」，所以這些新名稱應該也是為了與「原色」做區分吧。

野生色的豹紋守宮可細分成幾種不同品系，種原的性狀會依分布地區略有不同，因此很多育種家在繁殖時也會依種原的性狀明確地區分開來。品系不同的野生型豹紋守宮，也分別擁有自己的亞種名稱，但是豹紋守宮的亞種分類有很多模糊不清的地方，所以可以將其視為同一個品系，只是依細節又冠上不同亞種名稱罷了。此外，也可將其視為雖然表現出野生特徵，但是其實是另一種獨立的品種。

一般豹紋守宮

Macularius

別名：旁遮普／原色／wild

這是豹紋守宮的野生型之一，也是野生個體還在市面上流通時最常見的品系。是豹紋守宮中的基本型亞種*Eublepharis macularius macularius*，因此這個亞種名稱又簡稱為「Macularius」。基本型亞種的基準產地（將此物種記載在學術文獻裡的時候，取得的標本個體所在地）是巴基斯坦的旁遮普州，所以又稱為「旁遮普」。一般豹紋守宮是豹紋守宮中的基準，也就是基本型亞種，所以一般豹紋守宮的色彩與外形被視為典型的野生豹紋守宮——底色為黃褐色，身上各處散布著細緻的黑點。有種名為「高黃」的品系，底色的黃色比其他被視為亞種的品系更鮮明，而人們認為野生型中的一般豹紋守宮品系，就是「高黃」的源頭。除去品系本身的特徵，所有豹紋守宮經過人工飼育繁殖後，顏色都有變得更明亮的傾向，因此目前日本市面上的野生型豹紋守宮中，有許多個體出現了與「高黃」並駕齊驅的鮮豔黃色色調。

山地豹紋守宮

Montanus

別名：Monten／原色

這是豹紋守宮的野生型之一，也就是亞種中的*Eublepharis macularius montanus*，亞種名稱又簡稱為「Montanus」。*montanus*的意思是「山上的」，表示這個亞種棲息於山岳地帶的意思。「山」的拉丁語是「monte」，所以也有以此延伸出的名稱——「Monten」。

山地豹紋守宮成體的黑點比其他的野生型更多，且斑點還會排列成直線般的形狀。山地豹紋守宮的底色帶有較強的黑色色調，看起來反而不像黃色，偏向褐色至黑褐色之間。幼體的黑色色調，也比其他的野生型更強。除去品系本身的特徵，所有豹紋守宮經過人工飼育繁殖後，顏色都有變得更明亮的傾向，因此目前日本市面上的野生型豹紋守宮中，也有個體出現了與「高黃」並駕齊驅的鮮豔黃色色調。

帶斑豹紋守宮

Fasciolatus

這是豹紋守宮的野生型之一，也就是亞種中的*Eublepharis macularius fasciolatus*，亞種名稱又簡稱為「Fasciolatus」。*fasciolatus*的意思是「帶狀的」，代表著這個亞種的花紋。帶斑豹紋守宮成體的黑點比其他的野生型更容易連接成一直線，牠們的黑色部分特別清晰，且對比度較高，往往會呈現出帶狀的橫線花紋。帶斑豹紋守宮的底色是亮褐色，但是黃色色調偏淡，所以通常會有泛白的傾向。由於帶斑豹紋守宮的黑點部分特別清晰，所以在此特徵的襯托下，底色也顯得更為純淨，比較不會透著黑色。此外，當黑點連接成橫線花紋時，這一帶的底色通常也會呈現淡紫色，就算長到成體後這些淡紫色部位仍會留下。帶斑豹紋守宮的吻端有點尖，整個體型較為細長。

幼體

阿富汗豹紋守宮 Type-A

Afghan

別名：Afghanicus

這是豹紋守宮的野生型之一，也就是亞種*Eublepharis macularius afghanicus*。由於主要棲息地區分布在阿富汗的東南部地區，所以命名為「阿富汗豹紋守宮」，此外，亞種名稱又簡稱為「Afghanicus」，同樣代表著「阿富汗豹紋守宮」的意思。名為「阿富汗豹紋守宮」的品系又可細分為兩個明顯不同的系統，但是兩者都是以「阿富汗豹紋守宮」這個名稱在市面上流通。由於這兩個品系的特徵有很大的差異，為了避免混淆，本書將這兩種「阿富汗豹紋守宮」分成Type-A與Type-B這兩個項目各自獨立介紹（請各位特別留意，Type-○○這種叫法是本書特有的）。Type-A阿富汗豹紋守宮的飼育者分布地區以美國與歐洲為中心，由於Type-A與Type-B的阿富汗豹紋守宮本身就是不同品系的種原繁殖出來的，但是繁殖出的野生個體卻都被視為「阿富汗豹紋守宮品系」，所以才會造成雖然名稱相同，實際差異卻非常大的結果。這邊希望各位特別留意的是，兩者都是「正統的阿富汗豹紋守宮」，並沒有哪一方是遭誤認的。畢竟兩者的血統源頭都是野生個體，所以其實只是剛好撞名的不同品系罷了。Type-A的阿富汗豹紋守宮比其他的野生型豹紋守宮還嬌小，體型也較為矮胖，體色是黃色色調強烈的黃褐色，黑點則會相連並繞成一圈。其他的野生型豹紋守宮斑點如果有較密集的橫線花紋部分時，這一帶的底色通常會比較暗沉或呈現淡紫色，但是Type-A的阿富汗豹紋守宮不管黑色部分是否有相連，整個身體的底色都相當均勻。由於這類個體的身體較少淡紫色或暗色，因此看起來就像虎斑。

阿富汗豹紋守宮 Type-B

Afghan

這是豹紋守宮的野生型之一，也就是亞種*Eublepharis macularius afghanicus*。由於主要棲息地區分布在阿富汗的東南部地區，所以命名為「阿富汗豹紋守宮」，此外，亞種名稱又簡稱為「Afghanicus」，同樣代表著「阿富汗豹紋守宮」的意思。名為「阿富汗豹紋守宮」的品系又可細分為兩個明顯不同的系統，但是兩者都是以「阿富汗豹紋守宮」這個名稱在市面上流通。由於這兩個品系的特徵有很大的差異，為了避免混淆，本書將這兩種「阿富汗豹紋守宮」分成Type-A與Type-B這兩個項目各自獨立介紹（參照前項）。Type-B阿富汗豹紋守宮的飼育者分布地區以日本為中心，在美國等地也有一定數量的飼育者。Type-B的阿富汗豹紋守宮特徵與Type-A的阿富汗豹紋守宮相反，體型大於其他野生型豹紋守宮，吻端較為細長，整個身型較為修長。全身的體色呈現出強烈的泛白感且偏亮，成體的橫線部分底色也往往帶有淡紫色。黑點會散布在身體各處，但是大部分Type-B阿富汗豹紋守宮的黑點都不是黑色，而是焦褐色。斑點花紋則以頭部最為密集。

Picture Book of **Leopard Gecko**

Single Morph

單一品系（色彩變異）

接下來要介紹的就是單純的「飼育品種」。品種指的是透過人工飼育出擁有強烈特徵的個體後，從中選出帶有強烈特質的個體所交配得出的群體，或是將基因突變等的個體，經過累代繁殖後將突變特徵固定下來的群體，不管是哪種群體，擁有的特徵都與野生型豹紋守宮不同。所謂的品種可能是透過基因讓親代將特質傳給子代（遺傳方式也有很多種），也可能是透過人工選配讓擁有相同血統的個體交配，使目標性狀穩定下來所誕生的。在豹紋守宮的飼育領域中（以及大多數的爬蟲類飼育領域中），都會將這些方式得出的群體稱為「品種」。但是，其中也有部分嚴格來說並不是「品種」，單純是依個體樣貌所使用的稱呼。

在五花八門的品種中，本章節將列出僅擁有一項特徵的「單一品系」。品系是各品種豹紋守宮的次分類，是依其外觀區分。每個品種的外表呈現方式都不同，遺傳到子代的方式也各有差異，當後代的子孫血統混入多種品種的血統後，呈現出的模樣就會不斷轉變，最後形成「組合品種」或「複合品系品種」。而單一品系的品種，正是「組合品種」或「複合品系品種」的基礎。

這邊要先介紹的是以體色發生變異為主的色彩變異品種。

高黃

High Yellow

別名：原色

豹紋守宮這個品種就起始於「高黃」。最早的人工飼育高黃是在1972年左右誕生的，這是從以野生個體為基礎繁殖出來的繁殖個體中，選出身體的黃色色調較強的個體後交配得出的品系。雖然因為透過選別交配而無法使這樣的體色成為固定的基因綿延不絕，但是高黃本身具有容易讓子代繼承性狀的要素，所以後來繁殖出的個體顏色都呈現出愈來愈鮮豔的黃色。由於要打造出「高黃」這般色澤的方式相當多元化，色彩表現的範圍也相當廣泛，所以育種家會從中挑出目標個體進一步選別交配，打造出獨特的血統並自行命名。目前高黃已經成為基本中的基本了，恐怕大多數的豹紋守宮都流有高黃的血。由於現代反而是野生色表現型個體比較少，所以有些育種家不會稱高黃為「高黃」，甚至認為高黃才是「原色」，反而將野生色個體視為某一種品種。

幼體

超黃

Hyper Xanthic

這是從高黃個體當中，選出黃色色調更強的個體進行交配後製造出的品種，黃色的部分更深，黑點或橫線花紋也更加清晰黝黑。超黃的意思就是「經過超級黃化」，原本是高黃的別名。目前已經成為美國的JMG Reptile公司透過選別交配創造出的血統專有名詞，市面上也將這個血統稱為「超黃」，藉此與「高黃」有所區分。

幼體

橘化

Tangerine

　　橘化的英文「Tangerine」是「紅柑」，是柑橘類的一種，與蜜柑、凸頂柑等屬於近緣品種，由於橘化是種底色部分會呈現出鮮豔橘色的品種，所以才會以「Tangerine」命名。以橘化的特徵為主，同時出現少斑豹紋守宮特徵的品種，則稱為少斑橘化（參照P.30）。近年「橘化」這個名詞在日本鮮少用來單獨當作豹紋守宮的名稱，比較常用來表示個體的特徵（例如：「橘化程度頗佳」、「某某品種擁有橘化頭（頭部呈現出強烈的橘色）」等）。

少斑

少斑

超級少斑

少斑／超級少斑

Hypo Melanistic & Super Hypo Melanistic

別名：Hypo、Super Hypo

最常見的稱呼，是直接取少斑的英文「Hypo Melanistic」，並將其簡稱為「Hypo」。Hypo Melanistic指的是「黑色素減少」的意思，有些高黃也是用黑斑或底色處暗色減退，且全身體色都很明亮的個體交配得出的。一般豹紋守宮的體色都偏黃色，且通常黑點會匯聚成橫線花紋，但是少斑的黑點數量很少，僅會看見少量黑點散布在身體局部。如前所述，被稱作「少斑」的條件是黑色素減少，但也有些人會將「散布在身體部分的黑點數量為10個以下」當作判斷基準。總之少斑指的是黑色部分占據範圍非常少的選別品種。

Super Hypo則是「超級少斑（Super Hypo Melanistic）」的英文簡稱，不僅黑點數量很少，身體部分更是幾乎沒有黑點或是完全沒有。但是少斑／超級少斑之間並沒有太嚴密的條件差異。超級少斑的「超級」單純就是字面上的意思，用來強調「斑點非常地少」。而後面將介紹的「超級馬克雪花」等品種名稱的「超級」，則是共顯性遺傳專用的表達方式，這兩者的「超級」意思並不相同。

目前沒有人特別計算少斑與超級少斑的頭尾黑點，但是大部分的情況下，這兩處的黑色斑點數量都偏少，有時甚至會與「頭部無斑（參照P.34）」混在一起。

少斑

少斑（幼體）

超級少斑

少斑橘化

少斑橘化／超級少斑橘化

這是少斑加上橘化色澤的品種，最大的特徵就是鮮豔的橘色表皮與黑點數量相當少的外觀。如果身體部分幾乎沒有斑點的話，就會稱為「超級少斑橘化」。由於原文的英文名字「Hypo melanistic tangerine」太長，所以日本人通常會簡稱為「Hy-Tan」與「Super Hy-Tan」，書寫時也會取Super Hypo Tangerine這三個字的字首，縮寫成「SHT」。如果「超級少斑橘化」還出現蘿蔔尾的話，英文則為「Super Hypo Tangerine Carrot Tail」，書寫時則會縮寫成「SHTCT」。少斑橘化／超級少斑橘化屬於「多基因（Polygenetic）」的遺傳法則，代表的是具有相同血統的兩隻個體（也就是親代）體內相似的性狀，會在子代身上表現出來。就算同樣名為「少斑橘化／超級少斑橘化」，也可能源自於不同的血統，如果不能盡量讓血統相同的個體交配的話，後續誕生的子代顏色就會變得沒這麼鮮豔（換句話説，就是會變得愈來愈不像親代）。為了避免這種情況發生，不少育種家會針對自己繁殖出的血統，賦予「品牌名稱」，藉此明確區分出血統。此外，他們也力求在「少斑橘化／超級少斑橘化」這個類別中，依色澤的細微表現差異，進一步區分出更細的品系。市面上已經有許多冠有「品牌名稱」的少斑橘化／超級少斑橘化，再加上非公司行號的育種家所打造出的血統，更是不勝枚舉。所以這邊要介紹的是平常較容易找到的

少斑橘化

少斑橘化（幼體）

超級少斑橘化（幼體）

少斑橘化（幼體）

別名：Hy-Tan、Super Hy-Tan、SHT

Hypo Tangerine & Super Hypo Tangerine

幾個品牌。

例如：歷史較為悠久，基因較難與其他少斑橘化血統混雜的「尼夫斯橘化」；Hiss公司的「電橘」，是紅色與橘色色澤強烈的SHTCT，且頭部完全無斑；「血」雖然容易出現較多黑點，但是卻能夠呈現出深濃的紅色；JMG Reptile公司的「血系」，則是以「血」為基礎再去除黑色素打造出來的；「日炙」是用「翡翠（參照P.35）」與「血系」混合出的血統，藉此提高整體色調；The Urban Gecko公司推出的「橘化龍捲風」，擁有非常搶眼的紅色與橘色；「hot ace」則擁有非常純淨明亮的橘色。

除了上面列出的血統外，少斑橘化／超級少斑橘化還有五花八門的血統，當然也有不少沒有冠上品牌名稱，直接以「少斑橘化」或「超級少斑橘化」名稱在市面上流通的血統。不如該說，沒冠上品牌名稱的才是市場上的主流。從這麼豐富的血統中挑出自己喜歡的色調，努力培育出獨特的少斑橘化血統，正是飼養「少斑橘化」或「超級少斑橘化」的樂趣之一。近年也有不少日本育種家，已經培育出了穩固的原創血統，或是透過多種不同的血統，混合出色澤更加鮮豔的血統，大幅提升了整體「少斑橘化／超級少斑橘化」的品質。

少斑橘化

超級少斑橘化（幼體）

VMS少斑橘化

超級少斑橘化

尼夫斯橘化

原子

橘化龍捲風

極致日炙

日炙

血

血系

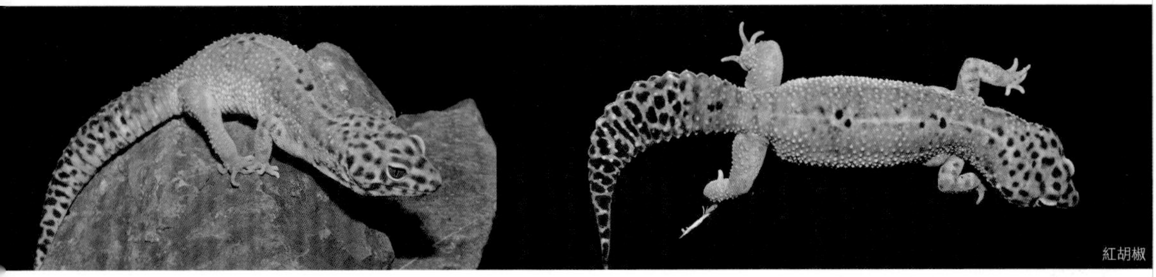

紅胡椒

血系日炙

辣椒紅

hot ace

血背

Hypo Tangerine & Super Hypo Tangerine

同時擁有蘿蔔尾與頭部無斑這兩種特徵的個體

頭部的花紋像人臉般的「萬聖節面具」

萬聖節面具

關於蘿蔔尾／頭部無斑／萬聖節面具

「蘿蔔尾」的尾巴顏色屬於較深的橘色，看起來就像紅蘿蔔一樣，所以才會取這個名字。「蘿蔔尾」的定義不太嚴格，通常只要深橘色範圍占整條尾巴的面積約15%以上，就會命名為「蘿蔔尾」。有些「蘿蔔尾」甚至連尾巴與身體相接處都呈現深橘色。「頭部無斑」的英文是「Baldy-head（禿頭）」，代表豹紋守宮的頭部完全沒有黑斑的狀態。在頭部無斑的情況下，此處還呈現深橘色時就會稱為「蘿蔔頭」。「萬聖節面具」顧名思義就是萬聖節使用的鬼怪面具，這是因為「萬聖節面具」頭部的花紋較為複雜，看起來就像人臉或骷顱頭，所以才會命名為「萬聖節面具」。

這些都是依個體狀態會出現的現象，並非源自於遺傳，單純是某些品種比較容易出現、某些品種比較不容易出現而已，基本上所有品種都會依一定比例出現（當然也有些品種因其特性，從未出現過這類特徵，例如：暴風雪等）。因此大部分情況下都不會只出現「蘿蔔頭」之類的名稱，而是會附加在品種名稱後面，例如：「○○蘿蔔尾」、「○○萬聖節面具」等，比較類似附加資訊。「頭部無斑」則通常不會列入品種名稱裡，而是育種家等在說明個體特徵時，會將此名詞列在說明文中。順道一提，「頭部無斑」的日文是「ボールドヘッド（Baldy Head）」，粗直線（P.53）的日文則是「ボールドストライプ（Bold Stripe）」，雖然都有「ボールド」這個名詞，但兩者沒有任何關係。

同時擁有蘿蔔尾與頭部無斑兩種特徵的個體

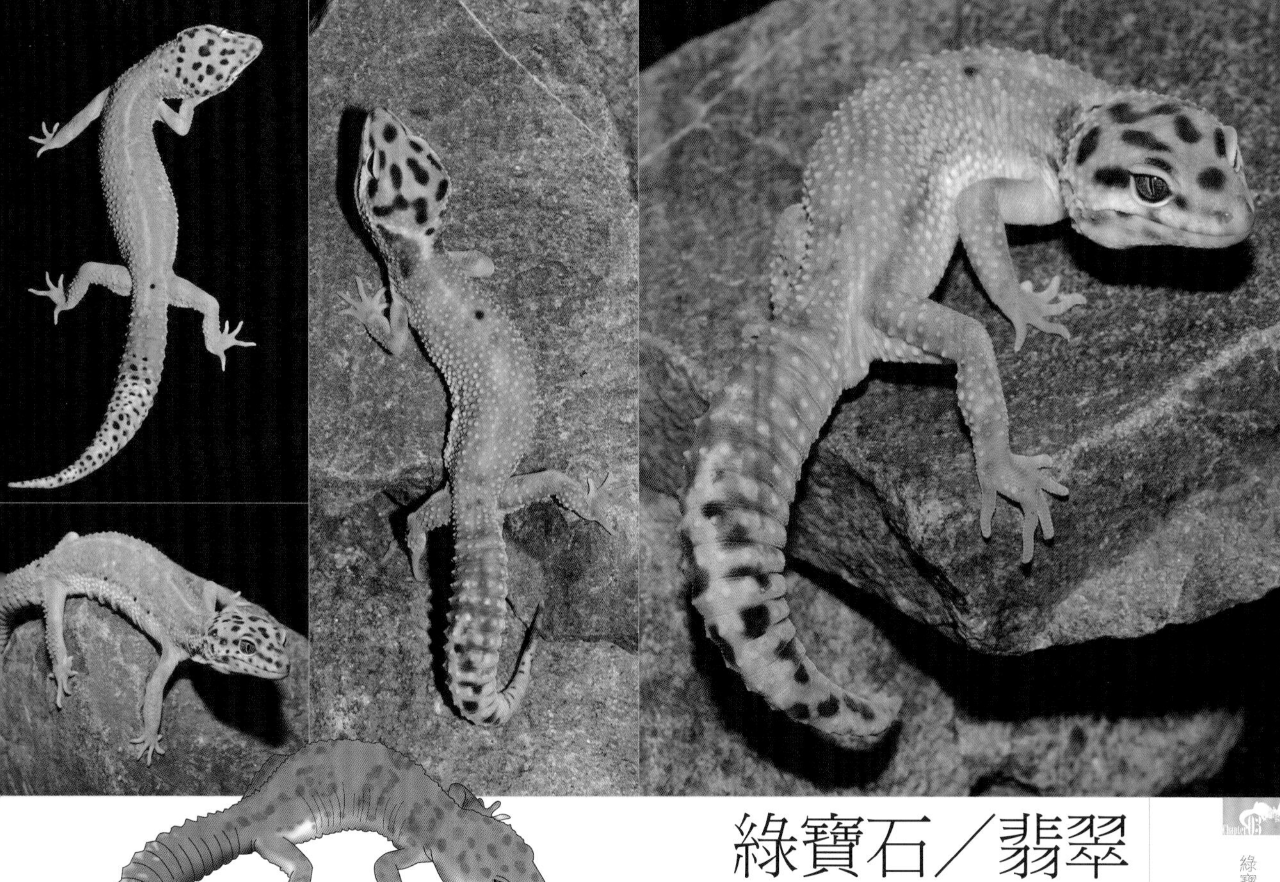

綠寶石／翡翠

Emerald & Emerine

綠寶石是背部帶有淡淡黃綠色的品種。不過，有時候美國育種家滿懷自信地培育出的「綠寶石」，在日本人眼裡看來，不管從哪個角度看都不像「綠寶石」的黃綠色。針對這個問題，有人認為，這是因為歐美人眼裡的綠色與日本人眼裡的綠色其實不太一樣的緣故。但是最近不曉得是否受到選別交配的影響，愈來愈多個體連日本人也是一眼就看得出黃綠色了。

當綠寶石加上強烈的紅柑色時，就稱為翡翠（原文Emerine是綠寶石（Emerald）＋橘化（Tangerine）的簡稱，是知名育種家羅恩・川普（Ron Tremper）創造的名詞）。另外，還有一種相關的豹紋守宮雖然不太有名，但是除了擁有綠寶石的色澤外，底色呈現強烈的黃色色調，且黃綠色的色澤擴散到整個背部，這種豹紋守宮就叫做「萊姆綠寶石」。此外，當「翡翠」同時還具備黃色與薰衣草色、黑色等色彩時，就稱為「彩虹」。與其說這些屬於複合品系，不如該說是因為「綠寶石」或「翡翠」的色澤差異所帶來的稱呼差異。雖然遺傳法則讓同血統交配後所生出的個體表現是未知數，但是目前已經有報告指出，讓兩隻「翡翠」交配的話，生出的下一代100％會是翡翠。此外，據說選擇黃綠色色澤不同的綠寶石系（尤其是翡翠）血統時，生出的下一代會呈現出更深的橘色或紅色，因此有些育種家會讓綠寶石系的豹紋守宮，與少斑橘化交配繁殖。

黑珍珠　黑珍珠　黑星　黑星　黑星

黑化
（黑系／黑絲絨／黑珍珠）

別名：超黑、Dark

Black *Melanistic, Black Velvet & Black Pearl*

雖然長年下來，人們多半著重於開發黃色、橘色等色彩明亮的品種，不斷地減少豹紋守宮身上的黑色素，但是近年也逐漸出現逆向思考的育種家，努力想開發出全黑的品種。這些黑色系品種都還屬於開發中的階段，雖然已經有多位育種家推出了以「黑化」或「超黑」等為名的個體，展現出相當深濃的黑色，但是目前這類型的飼育家仍舊還有進步空間，繼續追求著更強烈的黑色。黑化（Melanistic）顧名思義就是讓豹紋守宮的體色變黑的意思，因此指的是全身漆黑的完全黑化狀態。從這個角度來看的話，會發現目前市面上所推出的個體，都不屬於真正的「黑化」，僅是黑色素增加而已。因此有些育種家會避開如此極端的名稱，取名為「黑系」。在眾多黑色品系的品種群當中，黑珍珠與黑絲絨的黑色色調格外強烈，是目前最接近「黑化」狀態的品種。無論是黑珍珠還是黑絲絨，都可以看見黑色素布滿全身，底色也呈現黑褐色。雖然這邊將黑珍珠與黑絲絨放在一起介紹，但是兩者其實是分屬不同血統的品種，黑絲絨屬於多基因遺傳，可經由同血統交配獲得更高的純度；黑珍珠則屬於隱性遺傳（有人認為黑絲絨與黑珍珠的遺傳法則還有待商榷，目前還在驗證中）。

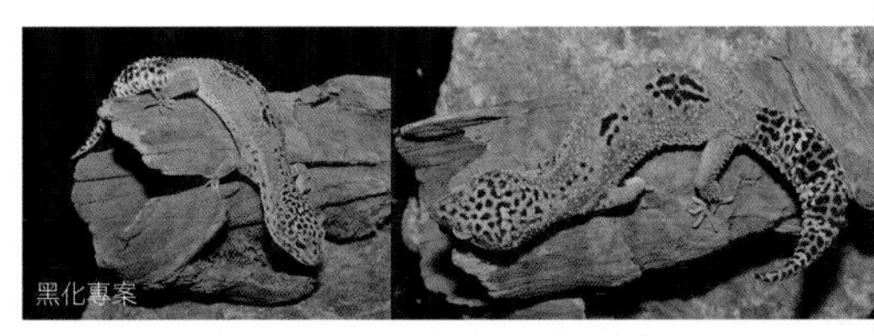
黑化專案

黑系

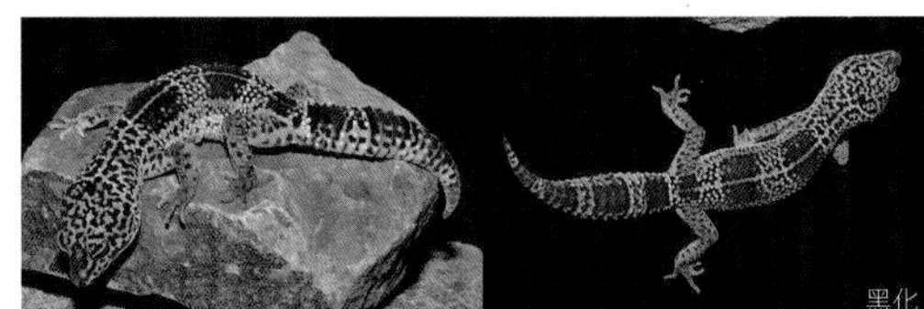
黑化

木炭

Charcoal

木炭與一系列的黑色系品種相同，都是育種家為了打造出「全黑豹紋守宮」所得出的品種，但是培育方法卻與其他的黑色系品種有明顯差異。育種家並不是從少斑橘化中挑選出底色偏黑的個體，藉此使黑點數量增加直到覆蓋全身的地步，而是透過底色相當黑的少斑橘化，打造出全身均一的黑色。

JMG Reptile公司近年透過選別交配，推出了黑色色調更強烈的個體——木炭，而這也是該公司最具代表性的專案之一。「木炭」的英文「Charcoal」本身就意指木炭，這個名字正是源自體色，雖然目前還沒辦法呈現出「真的像木炭一樣黑」的色澤，但是JMG Reptile公司正致力於打造出名副其實的顏色。

白化
（川普白化）

別名：德州白化

Albino (Tremper Albino)

整個觀賞型爬蟲類中的「白化」，都是帶黃色或白色的色彩變異總稱，原文的「Albino」原本主要是指體色淡化（缺乏黑色素）。「白化」主要有兩種情況，一種是負責產生黑色素的酪胺酸酵素，因為某些原因完全缺乏（T-白化＝Tyrosinase negative albino），另外一種則是酪胺酸酵素的作用受到抑制，因此製造出的黑色素量比一般情況少（T＋白化＝Tyrosinase positive albino）。「白化」還有各式各樣的名稱，不過在業餘愛好者之間，前者主要稱為「真白化」，後者主要稱為「薰衣草白化」。由於目前沒有「T-白化」的豹紋守宮，所以人們會直接將「T＋白化」稱為「白化」。T＋白化（以下簡稱為「白化」）擁有三個不具互換性的系統——川普白化、貝爾白化與雷恩沃特白化（一般稱為雨水白化），這三種白化

幼體

的命名方式，都是以「〇〇白化」的模式冠上育種家之名。這三種都是黑色素的生成受到抑制所產生的，所以原本黑色部分呈現出的色澤，屬於亮褐色到薰衣草色之間的色系，黑色的瞳孔也會呈現出葡萄色到葡萄酒紅色間的色系（環境光線昏暗時，豹紋守宮的瞳孔會擴張，這時就能夠清楚看見特徵了）。由於這三種血統各自獨立，所以雖然同樣歸類在白化中，但是色澤的呈現方式仍看得出些許差異。

川普白化是由知名的豹紋守宮繁殖家——羅恩·川普（Ron Tremper）所繁殖出並成為固定品種的白化，也是三種白化中最早登場的一種。由於羅恩·川普住在德州的關係，所以川普白化又稱為「德州白化」。目前市面上最大宗的白化就是川普白化，因此，當品種名稱上只有「白化」兩個字時，大部分都是指川普白化。川普白化的底色是黃色到橘色之間的色系，橫線部分的顏色變化較為豐富，包括白色到粉紅色之間的所有色系、薰衣草色、可可色等，這是因為川普白化並不屬於黑色素消失所造成的白化，只是色澤受到抑制而已，所以才會出現這麼多不同的顏色，此外，孵化溫度與飼育溫度也會對色彩的呈現狀況有所影響。川普白化在高溫下孵化、飼育的話，整體顏色會較為明亮鮮豔，低溫飼育的話黑色素量會增加，看起來會比較偏褐色。而褐色色調較強烈的白化，就稱為「巧克力白化」。

橘白化

貝爾白化粗直線

白化
（貝爾白化）

別名：佛羅里達白化

Albino (Bell Albino)

貝爾白化是三種白化中最晚在市面上流通的。培育出貝爾白化的育種家是馬克・貝爾（Mark Bell），由於他住在美國的佛羅里達州，因此貝爾白化又稱為「佛羅里達白化」。貝爾白化最大的特徵是眼睛的配色——燦亮的粉紅色色澤比其他的白化更強烈，瞳孔則屬於明亮的紅色。身體底色部分通常是深奶油色，斑紋部分的褐色色調較強，有較為顯眼的傾向。另外一個特徵是多數個體在斑紋部下方會出現較深的薰衣草色。由於貝爾白化的體色比川普白化、雷恩沃特白化更暗，所以橫線部分顯得沒有那麼清晰，斑點的間距也更近。雖然貝爾白化是最晚發表的白化品種，但是和「謎」（參照P.60）搭配在一起時，會以貝爾白化的特徵為基礎，再加上介於橘色與紅色之間的色澤，形成非常特殊的斑紋與色澤，令人印象深刻，並藉此一躍成名。貝爾白化另外一項引人注目的特徵，就是瞳孔裡的純淨紅色，再搭配「日蝕」（參照P.64）打造出組合品種的話，整個眼睛都會呈現純淨的紅色，這種搭配法同樣頗受重視。大部分貝爾白化的體形都偏向細長型，但是目前市面上流通的個體，也有許多體型沒這麼細長的個體。

白化
（雷恩沃特白化）

別名：拉斯維加斯白化、雨水白化

Albino (Rainwater Albino)

雷恩沃特白化是由提姆．雷恩沃特（Tim Rainwater）開發出的白化，與川普白化、貝爾白化是完全不同的系統。由於雷恩沃特住在美國的拉斯維加斯，所以又稱為「拉斯維加斯白化」，是三種白化中顏色最明亮、最淡的一種，身體底色呈現黃色到明亮奶油色間的色系，暗色部分則屬於淡粉紅色或泛白的淡紫色。另一方面，雷恩沃特白化的血統單純時，呈現出的紅色或橘色色調並不強，但是組合品種就另當別論了。雷恩沃特白化的瞳孔顏色是三種白化中最暗的一種，屬於深色的葡萄酒紅，與明亮的體色形成強烈的對比。雖然有許多體型偏嬌小的個體，但是大部分的情況下還是與一般豹紋守宮無異。

雖然川普白化推出沒多久後，雷恩沃特白化很快就登場了，但是受到提姆．雷恩沃特本身的事業規畫影響，市面上流通的數量並不多，甚至有段時間出現衰退的傾向；直到近年又因為其獨特的明亮度而再次受到矚目，同時也成為了打造出新組合品種的關鍵之一。

白化
（雷海恩白化）

Albino (Ray Hine Albino)

雷海恩白化不太普遍，是英國育種家——雷．海恩（Ray hine）打造出的品種，所以名叫「雷海恩白化」。主要在歐洲少量流通，所以日本很少看到。顏色較亮的橫線部分偏白，但是目前還不太清楚雷海恩白化和其他白化品種有無互換性，還是說其所擁有的基因與前面介紹的三種白化中的某一種相同（不過應該和貝爾白化不同吧）。由於已經確定雷海恩白化與其他的白化一樣都屬於隱性遺傳，所以驗證這些血統方面的關聯性，同樣是一大樂趣呢。

TUG雪花

雪花
（TUG雪花／GEM雪花／選育雪花）

別名：佛羅里達白化

Snow *TUG Snow, GEM Snow & Line Bred Snow*

雪花的原文是「Snow」，當然就是指「雪」的意思。這是種體色缺乏黃色色調，且擁有白色底色的品種。雪花可大略分成兩種品系，一種是這裡要介紹的品系，主要是以血統交配（Line Bred）繁殖出來的，所以表現出的特徵較為強烈；另外一種是目前已經確定屬於共顯性遺傳的馬克雪花（共顯性遺傳相關資訊請參照右側的馬克雪花介紹頁）。透過血統交配誕生的雪花有幾種不同的血統，遺傳方法也會隨血統而略有差異。冠有育種家之名的知名雪花，包括The Urban Gecko公司的TUG雪花（TUG是取字首而成的縮寫），以及Reptillian Gem公司的GEM雪花。其他還有幾種維持純種血統的雪花，為了與前述兩種雪花、馬克雪花有所區分，有時又稱為「選育雪花」。TUG雪花屬於顯性遺傳，GEM雪花的遺傳法則還在驗證中，其他的選育雪花則如前所述，和少斑橘化一樣大多數都是透過選別交配得出的。另一方面，有人認為TUG雪花和馬克雪花有一定機率的互換性，雖然這種說法還沒獲得證實，但是也顯示出連同GEM雪花在內的這個族群，很有可能存在著某些未知的法則。

Albey's雪花

幼體

馬克雪花

Mack Snow

別名：CO-Dominant雪花

馬克雪花和其他的雪花一樣，黃色的色調都非常弱，看起來就像純黑白一樣。幼體時的白色會相當強烈，但是和其他雪花一樣，會隨著成長逐漸出現些許淡奶油色等黃色色調。馬克雪花與雪花最大的差異，在於名為「共顯性遺傳」的遺傳形態。共顯性遺傳接近顯性遺傳，所以當原色的個體與共顯性遺傳的品種A個體（這裡以馬克雪花為例）交配時，生出來的子代有50%的機率會出現馬克雪花。雖然從這一點來看，共顯性遺傳與顯性遺傳似乎沒什麼兩樣，但是前者還是有獨特的特徵——讓兩隻同屬共顯性遺傳的品種個體交配時，生出來的下一代有25%的機率會是「超級○○」。「超級○○」的表現會與共顯性品種的親代不同，而這就是共顯性遺傳與顯性遺傳的差異。也就是說，以馬克雪花的情況來看，讓兩隻馬克雪花交配的話，生出來的下一代有25%的機率會出現P.46介紹的超級馬克雪花。

馬克雪花這個名字，源自於打造出牠們的育種家約翰・馬克（John Mack）。馬克雪花與其他雪花的特徵差異如前所述，育種家為了明確區分出這兩種系統的差異，會將摻有馬克雪花血統的組合品種，寫成「Co-Dominant雪花○○」等（有時候會直接標成「馬克雪花○○」）。而Co-Dominant的意思就是共顯性遺傳，而因這項特徵也讓育種家可以肯定，只要以馬克雪花來繁殖組合品種的話，遲早會得到超級馬克雪花。自從馬克雪花登場之後，豹紋守宮的品種組合數量就大大地增加了。

年輕的個體

稍微長大的幼體

馬克雪花

土匪雪花

粗線叢林雪花

近年，雪花當中出現了全身布滿胡椒狀細緻斑點的個體，有些育種家為了與其他雪花明確區分開，會將這類個體稱為「閃長岩雪花（或是直接稱為閃長岩）」或「高芝麻點雪花」。由兩隻閃長岩交配生出的「超級○○」，所擁有的斑點都會比一般的超級雪花還細，因此這類個體都會直接稱為「超級閃長岩雪花」。有些育種家會將這類品系當作獨立的品種飼養，不會視為雪花的一種。但是，一般雪花的血統也會有一定的機率繁殖出「閃長岩」，且閃長岩品系與一般的馬克雪花也具有互換性，所以關於「雪花」、「馬克雪花」與「閃長岩」的遺傳法則都還沒有定論，實際情況仍有待研究。此外，馬克雪花本身就屬於複合體（complex）品種群，與TUG雪花等其他雪花擁有部分相同的特徵，因此「閃長岩」說不定就是其中一員。

或許在不久的將來，閃長岩能夠擺脫部分特徵，成為與馬克雪花各自獨立的品種。

閃長岩

超級馬克雪花

別名：Super Mack

Super Mack Snow

超級馬克雪花常常被簡稱為「Super Mack」。超級馬克雪花如P.43所述，是兩隻馬克雪花交配生出的「超級○○」。只要親代雙方都屬於馬克雪花的話，就能夠生出超級馬克雪花，此外，讓超級馬克雪花與原色交配的話，100%能夠生出雪花。超級馬克雪花的外觀與馬克雪花相差甚遠，身上完全沒有黃色的色調，花紋也完全不同──黑點排列得相當整齊。超級馬克雪花的斑點大小依個體而異，因此有些個體的花

紋是相當大的點狀，有些則細緻得像胡椒粒一樣，有些個體的斑點甚至會局部相連，看起來就像線條一樣。目前還不曉得這是源自於個體差異，還是某種程度的遺傳法則所導致的（參照P.45）。

超級馬克雪花最大的特徵除了體色外，還有一點就是整顆眼睛都是墨黑色的。觀察普通的豹紋守宮的眼睛時，都能夠清楚看見虹膜部分與瞳孔部分有明顯的差異，但是超級馬克雪花與其派生品種的眼睛，卻是全都呈現瞳孔的色澤（正常情況是全黑，白化狀態下則是紅色）。雖然日蝕（參照P.64）的特徵與超級馬克雪花相似，但是兩者最大的差異，就是超級馬克雪花的體色與花紋是成組的變化（另外也有以超級馬克雪花與日蝕繁殖出的品種，請參照P.94）。過去的豹紋守宮中，從未出現過像超級馬克雪花這般圓滾滾的濕潤黑色瞳孔，這股惹人憐愛的氣質使其一躍成為人氣品種。

幼體

稍微長大的幼體

高芝麻點超級馬克雪花

超級閃長岩

Chapter.03

Picture Book of **Leopard Gecko**

Single Morph

單一品系（花紋變異）

　　這邊主要介紹的是，頭部或軀體、尾巴等處的花紋產生變異的單一品系品種。

　　其中的薰衣草與暴風雪等其實還伴隨著色彩變異，但是本書基於編排上的考量，還是將所有豹紋守宮概分成色彩與花樣這兩種，實際上這種分類法還是有模糊地帶。

直線

Stripe

一般的豹紋守宮都是黑點加上橫條紋（也就是橫線的花紋），但是「直線」則是會有兩條黑斑沿著背部兩側生成，殘留在背部中央處的底色也呈現縱向發展。雖然有時「直線」也會列為亂紋或叢林的一種，但是要採用更嚴謹的定義時，必須是身體與尾巴部分的花紋都呈現直紋或亂紋的個體，才能夠稱為「直線」。但是，有些育種家沒有分類得這麼嚴格，因此有些個體雖然只有身體出現直紋，尾巴是一般豹紋守宮的橫線花紋，但是仍會稱為「直線」。「直線」在長成亞成體之前，暗色部會很顯眼，所以很好區分是不是「直線」，然而長到成體之後，暗色部就會融入底色，看起來就像黑點沿著斑紋的邊緣排列般。

白化直線（幼體）

亂紋（幼體）

叢林／亂紋

別名：設計師

Jungle & Aberrant

一般的豹紋守宮都是暗色部會呈橫線排列，當花紋排列紊亂或是複雜時，就會稱為「亂紋」或「叢林」。「亂紋」或「叢林」的花紋與一般的豹紋守宮相同，在幼體時都會相當清晰顯眼，但是長到成體之後就會稍微融入底色。豹紋守宮飼育領域中，「叢林」（英文「Jungle」就是「密林」的意思）與「亂紋」（英文「Aberrant」則是「迷走」的意思）在用於形容特徵時幾乎被視為相同意義，但是嚴格説起

叢林

叢林

來，「叢林」指的是尾巴與身體的橫線部分都相當紊亂的個體，僅有身體或尾巴的橫線部分紊亂的話才是「亂紋」，所以兩者是有差異的。但是分類如此嚴謹的育種家少之又少，通常不管個體是身體與尾巴的橫線花紋都紊亂，還是僅有單一部分紊亂都會統一命名為「亂紋」或「叢林」（主要會選擇「叢林」）。順道一提，背部花紋呈直線的個體，乍看之下宛如前面介紹的直線（參照P.49），但是要連同尾巴花紋也呈直線狀的，才是真正的「直線」；如果尾巴部分仍維持橫線花紋的話，就屬於「叢林」品系，有些育種家會將這類個體稱為「叢林直線」。不過，很多育種家在這方面同樣不太講究，不會嚴格區分。由於「叢林」與「亂紋」的花紋特徵就是紊亂，很難呈現固定紋路，可以說是每隻個體都會有獨特的花紋，所以人們也會稱其為「設計師」。

順道一提，當個體的背後深色處有局部相連，剩餘的底色處呈現圓形的時候，就稱為「圓背」（circle back；圓形斑的背脊）。這種花紋在幼體時特別明顯，尤其是馬克雪花有特別容易出現圓背的傾向，但是目前仍不曉得原因。

圓背（超黃）

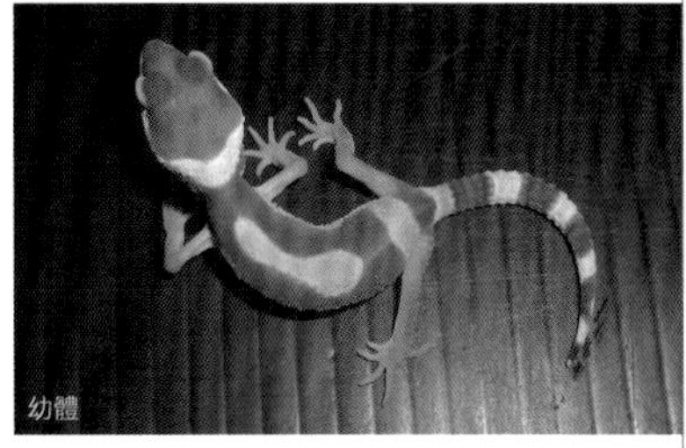
幼體

圓背（幼體）

薰衣草

Lavender

薰衣草指的是個體背部的深色部分呈現薰衣草色，而並不是單指特定的品種。高黃或橘化等黑色素較少的品種，逐漸脫離幼體期時，深色的橫線花紋會慢慢消退，該部分的斑點也會漸漸匯聚在一起，這時很多個體的橫線部分，就會變成薰衣草色的痕跡。不過，這種色澤通常只有在亞成體時期才看得到，大部分的個體長成成體時，薰衣草色的部分就會融入底色的黃色當中，當然，有時也會看見成體仍保有薰衣草色的橫線花紋痕跡，而這類個體即稱為「薰衣草」。

直線或反直的暗色部是直線花紋，並非橫線花紋，因此留下的薰衣草色痕跡也會呈現直紋，而這種個體就稱為「薰衣草直線」。「薰衣草直線」並非已經固定下來的品種，不過仍有育種家以此為目標，希望透過血統交配繁殖出薰衣草色會殘留至成體的個體，或是薰衣草色更加鮮豔的個體。當育種家以此為目標時，就會從豹紋守宮還是幼體的時候，將其冠上「薰衣草」的名稱。

超級少斑橘化薰衣草

粗直線

粗直線的「粗」，是源自於英文的「Bold」，也就是「粗體字（Bold）」這種歐文字體。由於這種字體的筆劃較粗、較清晰，所以豹紋守宮飼養領域中，遇到有個體的背部兩側出現又粗又清晰的直線花紋時，就會以這種概念命名為「粗直線」。此品種的特徵與賣點，就是身體花紋極具層次感——底色部分幾乎沒有任何黑點，呈現出純淨的明亮黃色，與又粗又黑的花紋形成強烈的對比。「粗直線」連頭部的花紋都會變得更黑、更粗，許多個體的後腦杓都纏繞著虛線型黑線，看起來就像皇冠一樣。不過，就算「粗直線」的個體外表看起來都相同，仍可能分屬兩種不同的遺傳形態：一種是能夠維持特定遺傳規律的隱性遺傳血統，另外一種則是透過同血統交配強化性狀的血統。但是，這兩種血統都具有互換性，就算讓兩隻不同血統的「粗直線」交配，也能夠將品種特色確實傳給下一代。當「粗直線」擁有的是紊亂的花紋而非直線狀時，就會稱為「粗線叢林」。另外，還有一種個體叫做「粗反直」，牠們的黑色花紋會出現在背部中央。

粗反直馬克雪花（幼體）

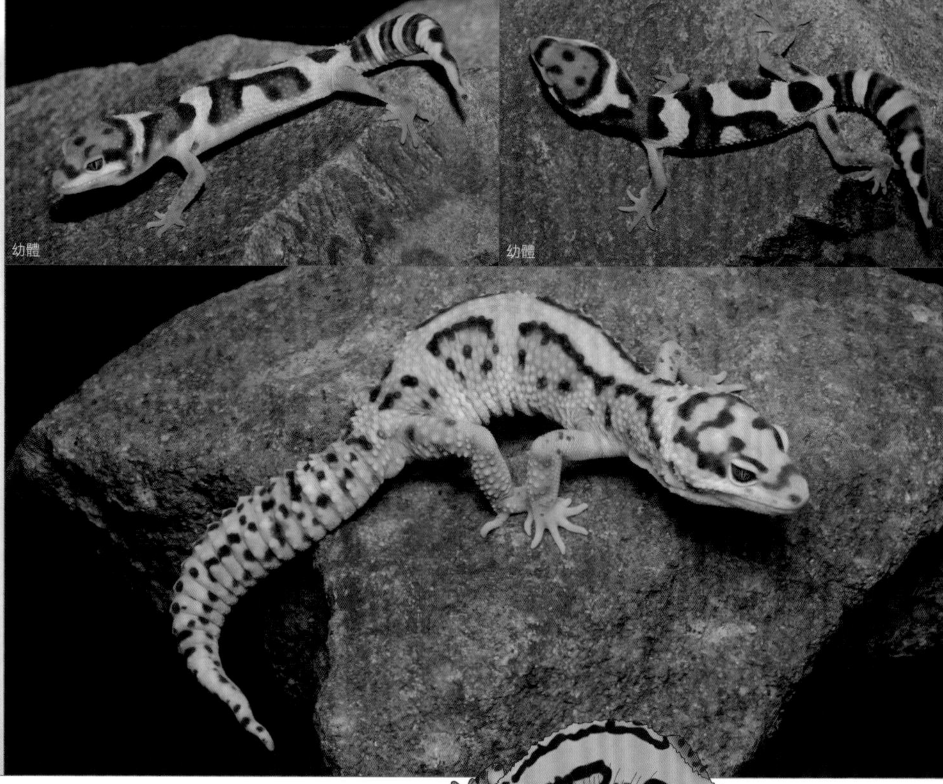

土匪

Bandit

土匪的外觀與粗直線很像，是在羅恩・川普的選別交配下誕生的。最初的土匪是用粗直線繁殖出來的，而土匪最大的特徵，就是會有橫跨鼻子上方的清晰線條，由於這條黑色橫線，看起來就像漫畫裡小偷的鬍鬚，所以才會命名為「Bandit」，而「Bandit」有「 賊」、「山賊」與「土匪」等意思。很多人會搞錯「Bandit」與「Banded」，但是前者是「土匪」，後者是「橫紋」的意思，指的是「帶狀橫紋」這種品系。當成體仍留有幼體時的橫線花紋，且線條相當清晰時，就會稱為「帶狀橫紋」。「土匪」的花紋會比一般的「粗直線」更加清晰，其體色的鮮豔對比以及土匪般的臉部花紋所營造出的趣味性都很受歡迎。土匪不屬於隱性遺傳或顯性遺傳等，讓兩隻同血統的個體交配時，才較容易打造出富有「土匪」特徵的個體（這種遺傳方法稱為Polygenetic＝多基因遺傳，能夠生出近似於親代的子代）。有些個體雖然擁有土匪的血統，但是鼻子上方卻沒有橫紋時，就會稱為「粗線土匪」，或是單單稱為「粗直線」。

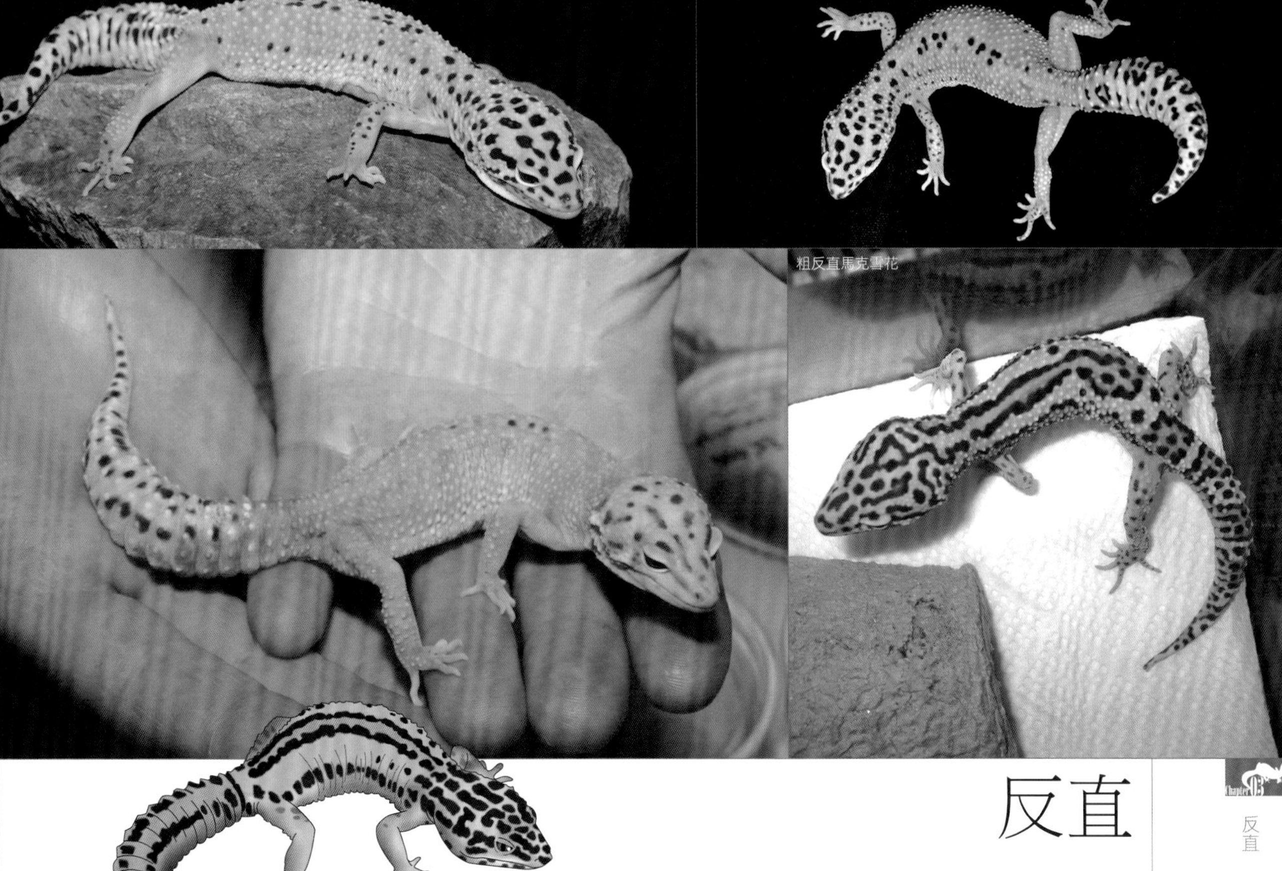
粗反直馬克雪花

反直

Reverse Stripe

反直的英文是「Reverse Stripe」，「Reverse」有「逆轉」的意思。而「反直」的特徵就如字面所述——與「直線」的花紋特徵完全相反。也就是說，「反直」的暗色花紋會沿著背部中心（＝背脊）延伸出直線紋路，背部兩側則是底色（黃色）。不過「反直」的尾巴與「直線」一樣，會有條白線沿著中心延伸；尾巴花紋居然沒有「逆轉」，這一點讓人感到相當奇妙。

「反直」和「直線」一樣，都會被歸類於「叢林」或「亂紋」當中，但是有種說法認為，「反直」其實是從後面介紹的「無紋直線（P.56）」中分化出來的變異個體。就算個體的外表看起來是不折不扣的「反直」，在判別品種時仍舊有兩種可能性，一種是「亂紋」或「叢林」的花紋出現顛倒的現象，另外一種是「無紋直線」的花紋大範圍連接在一起，所以看起來才會像「反直」。

白化反直

無紋直線

Patternless Stripe

別名：無紋

「無紋直線」有時會簡稱為「無紋」，「無紋」與「莫非無紋（P.58）」聽起來很像有關聯性，但是兩者其實是各自獨立的品種，一點關係也沒有。通常單一血統幾乎不會出現「無紋直線」，這是混入「暴龍（P.83）」的血統後才會出現的性狀。P.83會再詳細介紹「暴龍」這個品種，不過這邊還是簡單說明一下——暴龍的要素之一「P」，指的就是無紋（Patternless）英文字首的「P」。「無紋直線」的特徵就是身體花紋明顯退縮，看起來與「少斑」或「超級少斑」很像，但是會有少許薰衣草色的虛線花紋或點狀花紋，出現在背部的中央。「無紋直線」必須透過血統交配才能繁殖出來，目前普遍認為要取「直線」＋「反直」這種搭配法，比較容易生出「無紋直線」。相反的，也有人認為「反直」才是從「無紋直線」中變異出來的品種。

無論如何，因為「無紋直線」與「暴龍」是同時期發表的品種，所以目前都還無從得知這些品種的詳細血統來源。

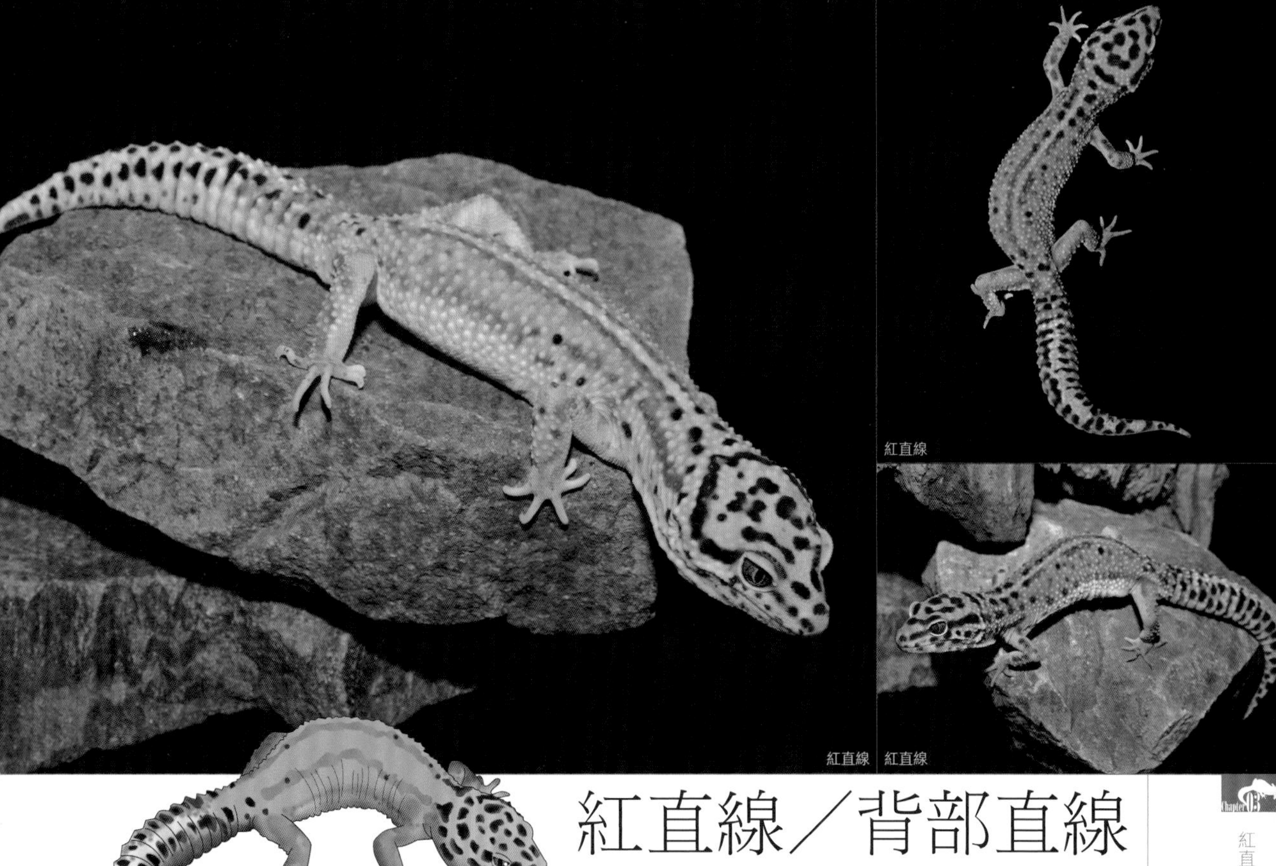
紅直線　紅直線　紅直線

紅直線／背部直線

Red Stripe & Dorsal Stripe

雖然「紅直線」的名字裡有「直線」這個字眼，但是其實兩者的起源完全不同，連色彩表現都相差甚遠。真要說的話，「紅直線」比較接近「少斑橘化」，由於全身的黑斑都已經大幅退縮，所以不會形成明顯的花紋。最大的特徵是沿著背脊、呈現明亮的色澤的直線，以及背部兩側那看起來像邊線般的深色（通常是深紅色到橘色之間的色系）。當「紅直線」還是幼體時，這段深色的直線部分會偏褐色，變成亞成體之後顏色才會愈來愈偏向紅色到橘色間的色系。

「背部直線」是部分育種家使用的品種名稱，不太普遍，特徵與「紅直線」幾乎相同，都有沿著背部中央、呈現明亮的色澤的直線。當一般的「直線」裡，出現了只有身體部分有直線花紋的個體時，同樣稱為「背部直線（dorsal stripe，dorsal意思就是「背部的」）」，但與本頁介紹的「背部直線」其實不是同一品種。「紅直線」背部明亮處的兩側，會有邊線般的紅、橘色線條，但是「背部直線」並無這種特徵。不過，「紅直線」與「背部直線」之間的差異，就等同於「少斑」與「少斑橘化」之間的差異，所以會形成「背部直線」這種外觀，也很有可能只是因為橘色或紅色較不明顯而已，但是目前仍無證據顯示兩者是同一品種。不過，兩者都是透過同血統交配將特徵傳給下一代。

背部直線　背部直線

莫非無紋

Murphy Patternless

別名：Leucistic

「莫非無紋」是派特・莫非（Pat Murphy）於1991年初期發表的品種，是豹紋守宮的眾多品種中，歷史較為悠久的一種。剛開始是以「Leucistic」的名稱在市面上流通，以目前的日本市場來說，提這個名字也比較多人知道。不過Leucistic是「白化」的意思，指的是個體全身變成純白色的狀態。雖然從外觀來看確實類似「白化」，但是畢竟意思並不同，所以近年為了避免混淆，多半改用「莫非無紋」這個品種名稱。

「莫非無紋」的品種特徵，就是全身斑紋消失，底色的色調則相當廣泛，包括淡黃色到奶油色之間的色系、膚色、或是淡褐色到灰色之間的色系，且從頭到尾完全沒有任何黑點，是不折不扣的素色狀態。有些剛孵化的「莫非無紋」幼體，會出現淡淡的不規則花紋，但是一般情況下很快就會消失了。「莫非無紋」的尾巴尖端通常會微微地彎曲，但是這對個體的健康一點影響也沒有。近年也可以看到改良過的個體，已經去除了尾巴彎曲的特徵。

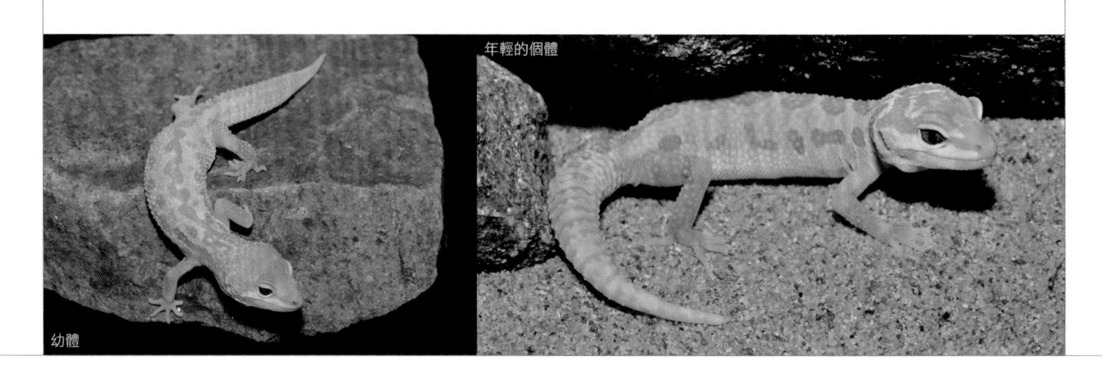

幼體

年輕的個體

幼體

暴風雪

Blizzard

「暴風雪」是由Prehistoric Pets公司繁殖出的品種，登場的時機比「莫非無紋」晚幾年，雖然外觀與「莫非無紋」很相似，但是色澤更白。相較之下，「暴風雪」還比「莫非無紋」更近似Leucistic（白化）（但是這兩者畢竟屬於不同品種，所以沒有人會稱暴風雪為Leucistic）。「暴風雪」與「莫非無紋」不同，從幼體時就沒有斑紋，屬於完全無斑的品種，且上眼皮有些透明，能夠隱隱約約看見黑眼珠透過皮膚顯現的青色。「暴風雪」的體色在幼體至亞成體的時期擁有最強烈的白色，愈接近成體時，膚色就會慢慢透出淡雅的黃色或粉紅色，有些個體的體色則會偏米色或灰色。當個體的顏色特別深，灰色色調特別重時，就會稱為「午夜暴風雪」，但是這並非固定的品種，單純是用來表示配色的狀況罷了。此外，在低溫環境下孵化、飼育出的個體，較容易出現泛黑的體色，所以是有機會刻意培育出「午夜暴風雪」的。另一方面，個體的體色帶有較重的黃色時，會稱為「香蕉暴風雪」，不過這也只是個體或血統的差異而已。本來「香蕉暴風雪」是「暴風雪」與「莫非無紋」交配誕生的組合品種，但是現在很少人以這個組合繁殖，所以市面上很難看到真正的香蕉暴風雪了。

有些暴風雪個體會出現「日蝕眼」，也就是虹膜完全漆黑的狀態。這並不是讓「暴風雪」與「日蝕」（參照P.64）交配而生出的，單純是「暴風雪」當中隨機出現的特徵，所以也不會透過遺傳出現在子代身上。擁有「日蝕眼」的「暴風雪」與「超級馬克雪花暴風雪」、「日蝕暴風雪」等組合品種的外表特徵均相同，所以光看外觀的話是分不出來的。

幼體

謎

Enigma

「謎」的英文「Enigma」意思是「謎」、「難以理解的事物」。「謎」的特徵就是令人難以形容的花紋，看起來就像印花布一樣。「謎」的每隻個體都擁有相異的特徵，身體各處會隨機分布淡紫色、白色或橘色等色塊，而色塊的數量、大小與形狀都沒有一定的規律。大部分「謎」身上的黑點，都會以身體某一區塊為主，呈現出往外擴散的感覺，但是這些分布狀況與數量同樣沒有特定規則。「謎」的尾巴部分會布滿細緻的胡椒狀斑點，且沒有橫線花紋。此外，「謎」的虹膜顏色較深，帶有濕潤感的深色眼睛，使牠們的表情看起來格外惹人憐愛。

由於「謎」的每隻個體都擁有不同花紋，所以很

幼體

幼體

難讓特定花紋遺傳到子代身上，由此可知，這是種每隻個體都很獨特的品種。除了迷幻的配色外，顯性遺傳（就算與原色交配，下一代也會呈現出「謎」的特徵）的特性也使其一躍成為人氣品種，育種家們都喜歡拿來與五花八門的品種交配。「謎」的誕生讓組合品種的版本數量大幅增加，尤其是與「貝爾白化」配種的話，還可以使體色的橘色色調更加濃厚，增強虹膜或眼尾的紅色強度等，展現許多令人嘖嘖稱奇的作用。

「謎」還會出現一種品種特有的動作——歪頭，每隻個體歪頭的程度都不一樣（也有不會歪頭的個體），程度最強烈的個體還會歪著頭不斷地在同一個場所繞圈，這似乎與「謎」的基因有關，因此摻有「謎」血統的組合品種，也有機會看見這些特徵。這種行為單純是神經症狀（有些人會稱這種現象為「精神疾病」等，但這其實是名詞誤用，因為這些動作並非源自於精神失常等），對身體健康沒有什麼影響，但是有時也會依症狀的表現方式不同，使個體不方便捕餌，有些飼養者則會覺得光看就不舒服，所以對「謎」敬而遠之。由於部分個體幾乎不會出現這類症狀，所以在意症狀又想養「謎」的話，也可以挑選沒有這種行為的個體。

白與黃

別名：W & Y

White & Yellow

「白與黃」是東歐白俄羅斯推出的少數品種之一，並非源自於豹紋守宮品種聖地——美國。「白與黃」的外觀特徵近似於「謎」，嚴格說起來是以「少斑橘化」為基礎，又加上了「謎」的不規則斑點或斑紋。「白與黃」在幼體時主要有兩種類型，一種是黃色偏強的個體，另一種則是白色偏強的個體，兩者的斑點都會隨著成長逐漸變多。「白與黃」的虹膜顏色與「謎」不同，通常會呈現「淡灰色」，且身上的斑點尺寸也會比較大。「白與黃」與「謎」一樣都屬於顯性遺傳，與其他品種交配的話，會生出獨特的亂紋，所以近來深受飼育者歡迎。另外，「白與黃」不具有「謎」特有的神經症狀，這一點也使其備受矚目。

幼體

橘化白與黃

Chapter.03

Picture Book of **Leopard Gecko**

Single Morph

單一品系（眼睛變異）

為數眾多的品種中，也有以眼睛色彩變異為主的類型。雖然在「色彩變異」中介紹過的白化、超級馬克雪花等，也都會出現眼睛方面的變異，但是這邊要介紹的，是以眼睛變異為主要特徵的品種。

※但是並非本章介紹的所有品種，都與身體花紋等變異無關。

日蝕（全眼／半眼）

別名：川普日蝕

Eclipse (Full Eye & Half Eye)

日蝕的英文「Eclipse」是「日蝕（或是月蝕）」的意思，是在眾多的豹紋守宮品種中相當罕見，主要以眼睛為特徵的品種。一般的豹紋守宮眼睛虹膜屬於明亮的灰色，且與貓一樣有著縱長的瞳孔。但是，「日蝕」的虹膜顏色不同，並依呈現的方式概分為兩種，一種是整個虹膜與瞳孔一樣都是漆黑色，一種是僅虹膜前半部呈現漆黑的半月型變異。前者稱為「全眼」或是「實心眼」，後者稱為「半眼」或「蛇眼」。兩者的遺傳途徑都相同，因此就算讓兩隻「全眼」交配，也可能生出「蛇眼」，讓兩隻「蛇眼」交配也有機會生出「全眼」。另外，有些個體則是單眼為蛇眼，另一隻眼為「全眼」，但是會出現什麼樣的特徵全憑運氣。有些育種家只會將兩隻眼睛都是「全眼」的個體稱為「日蝕」，再為「蛇眼」的個體取其他名稱，當然有些育種家嘴裡的「日蝕」，就泛指前面提到的所有類型。這邊再度強調，無論是前面何種特徵，在遺傳方面的模式都是相同的。

「日蝕」除了眼睛變異外，有些個體的身體花紋也會退縮，吻端部與四肢的顏色都會泛白，但並不是每隻個體都會出現眼睛變異以外的情況。當然，「日蝕」也可能出現本文裡沒有談到的現象。目前已經知道「日蝕」屬於隱性遺傳，但是與其他品種交配後會生出什麼樣的子代，還有許多研究的空間。順道一提，雖然「超級馬克雪花」的黑眼球看起來與「日蝕（全眼）」一模一樣，但是「超級馬克雪花」不會在單一因素下出現，也不會出現蛇眼，所以兩者在遺傳方面完全無關。另外，在「暴風雪」的介紹頁面裡有提到，該品種也會出現「日蝕眼」這種眼睛變異，但是「暴風雪」僅是隨機產生的，「日蝕」則是品種本身的特徵。為了將兩者明確區分開來，有時育種家會將「日蝕」稱為「川普日蝕」。「日蝕」出現白化個體的時候，會稱為「紅眼（Red-eye）」。而「暴龍」（P.83）的構成要素之一「R」，指的就是「紅眼」。

大理石眼

Marble Eye

「大理石眼」是馬特・巴洛納克（Matt Baronak）繁殖出的新品種，擁有與「日蝕」截然不同的眼睛變異，眼珠呈現出墨水流下般的漆黑感。而眼珠漆黑狀態則依個體而異，有些個體的色澤就像潑上墨水般遍及整顆眼珠，有些則會像噴墨般散布許多細緻的黑點。雖然人們都認為「大理石眼」屬於隱性遺傳，但是目前仍未完全證實這種說法，這個品種裡也還有許多未知的領域，相信未來仍舊會吸引不少目光。

擁有「大理石眼」的暴風雪

Chapter.03

Picture Book of **Leopard Gecko**

Single Morph

單一品系（體型變異）

目前全世界的豹紋守宮裡，只有一種會出現體型變異，那就是「川普巨人」。「川普巨人」幾乎能夠和所有品系的豹紋守宮交配，藉此打造出體型變異。

Giant & Super Giant
巨人／超級巨人

別名：川普巨人／川普超級巨人

這是豹紋守宮的眾多品種中，唯一一種與體型大小有關的品種。因為是由羅恩．川普一手打造的品種，所以以「川普巨人」之名廣為人知。特徵就是特別大的體型，但是就算幼體時就比其他豹紋守宮還要大隻，還是沒辦法直接判斷為巨人，必須知道出生後一年左右的體重才能判斷。具體來説，只要雄性在出生後一年長到80～100g，雌性長到60～90g時，就會被稱為「巨人」。一手打造出「川普巨人」的川普，似乎會等個體達到這個基準時才拿到市面上銷售，但是其他育種家多半從幼體時就開始銷售。「川普巨人」屬於共顯性遺傳，與「原色」交配之後生出的子代，有一定的機率會是「巨人」，此外，如果讓兩隻「巨人」交配的話，生出的子代有25%的機率，是能夠採用「超級〇〇」這種命名法（參照P.43的雪花

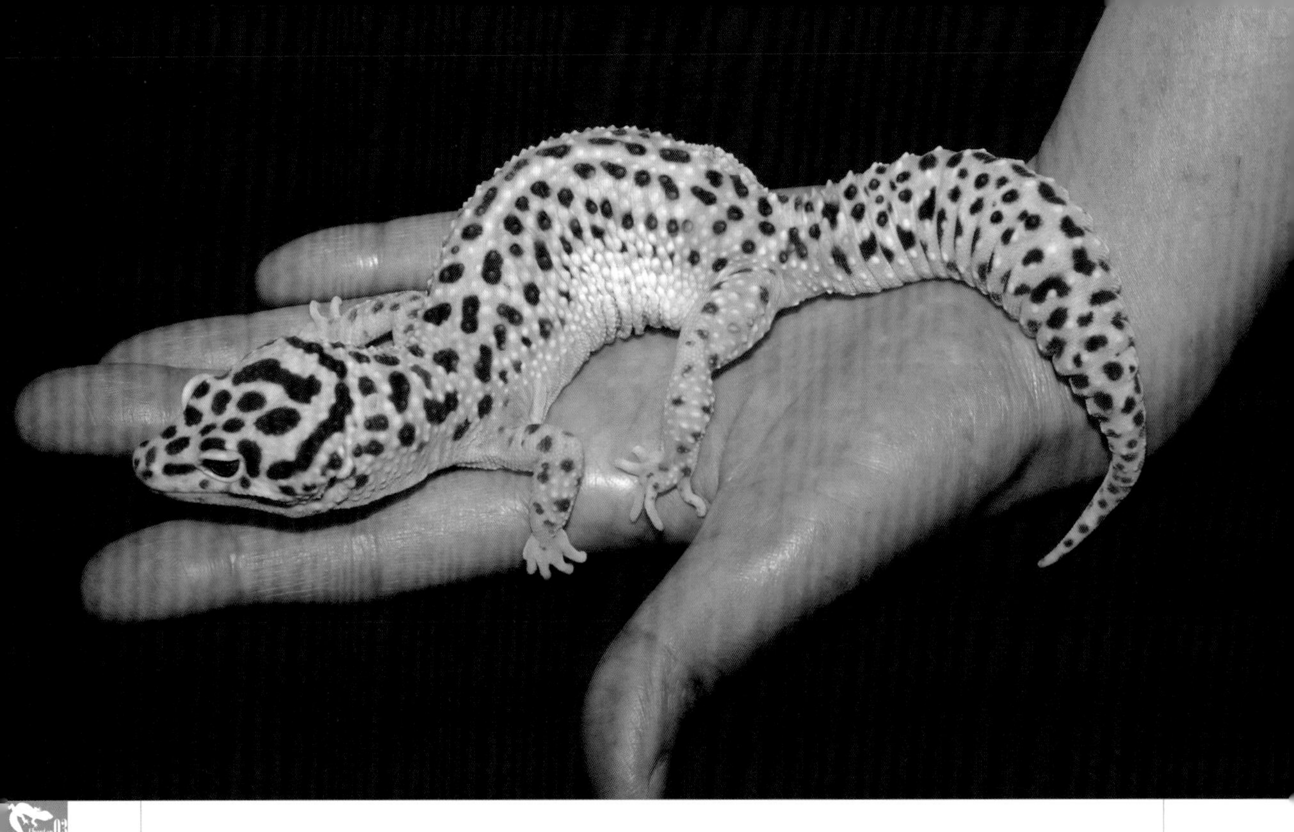

介紹）的個體。當然，如果生出的子代是「巨人」的話，就會稱為「超級巨人」。

「超級巨人」的體色、花紋都和「巨人」、「原色」無異，最大的特徵還是其獨特的體型大小。「超級巨人」比「巨人」還要大型，雄性在出生後一年時就達110g以上，雌性則達90g以上。雖然光寫出體重數值時，各位可能很難想像箇中差異，所以可先著眼於另一項特徵——「巨人」與「超級巨人」體格都比「原色」更加壯碩，張開頭部兩側的鰓時，會呈現陽剛堅硬的表情。

可以說是「巨人」之父的川普，原本就擁有一隻名為摩西（Mose）的個體，這隻雄性個體的體型特別大，所以擁有其血統的直系巨人子孫，會特別命名為「摩西巨人」。因此，請記得「摩西巨人」並不是品種的名稱，比較像是一種品牌名稱。「巨人」裡眾多冠有品牌名稱的品種中，還有一種名為「哥吉拉巨人」的血統也非常知名，這是由Gecko.etc公司的史帝夫・史凱斯（Steve Sykes）所繁殖出來的。

市面上流通的個體，通常不是「巨人」或「超級巨人」這種血統單一的個體，而是與其他品種交配生出的組合品種，最有名的例子就是與「川普白化」交配生出的「巨人川普白化」等。

超級巨人川普白化

哥吉拉超級巨人白化

超級巨人川普白化

Giant & Super Giant

Picture Book of **Leopard Gecko**

Combo Morph

複合品系

接下來要介紹的是讓不同的「單一品系品種」個體交配，將兩者特徵合併所衍生出的品種。這些擁有複數「單一品系品種」血統的品種，稱為「組合品種」或「複合品系品種」。當一隻個體同時擁有不同「單一品系品種」的血統時，往往會產生出令人意想不到的體色與花紋，可以說現存的「單一品系品種」能夠搭配出幾種排列組合，就能夠生出幾種版本的「組合品種」。市面上在配種的時候，不會僅將兩隻「單一品系品種」配在一起，還會在這兩隻「單一品系品種」生出子代後，再進一步搭配其他的「單一品系品種」，因此延伸出的品種數量非常龐大。對於致力於繁殖的育種家來說，製作「組合品種」可以說是身為飼育者的最大樂趣，肯定有人夢想著總有一天配出前所未有的獨特品種吧。事實上，還有許多基於遺傳理論應該會出現的品種，還未實際現身過。

雖然本書無法介紹所有的「複合品系品種」，但還是會盡量多介紹一些有名的組合、常見的組合以及會隨著組合不斷改變名字的品種。

橘白化

組合內容：橘化+白化（任一種）

Tangerine Albino

「白化」擁有三種血統，各自又與「橘化」一起組合出了不同的「橘白化」——其中，「貝爾白化」與「橘化」能夠完美地融合在一起，呈現出漂亮的深橘色；「川普白化」的部分個體與「橘化」交配生出的子代，會出現逼近白色的斑紋部，因此有時會冠上「高白」的名稱。此外，讓白化與「翡翠」等版本的橘化個體交配得出的子代，以及出現了蘿蔔尾／蘿蔔頭的個體等，也都被稱為「橘白化」，由此可知，即使名稱相同，但特徵卻是五花八門。

高白橘白化

蘿蔔頭橘白化

翡翠川普白化

幼體　超級柑橘翡翠

柑橘

組合內容：橘化（血統）＋川普白化

「柑橘」屬於橘白化的一種，要採用較嚴謹的定義時，則必須是由羅恩・川普開發的橘化血統，與「川普白化」搭配出的組合品種，才能稱為「柑橘」。川普將「柑橘」從其他「橘白化」或「日焰」之中獨立出來，即可看出他想將「柑橘」與其他的「橘白化」區分開來的意圖。「柑橘」的特徵是底色的橘色相當強烈，色澤接近紅色，橫線部分則會泛白，有時體型會比一般的「橘白化」更大隻。

根據川普提供的資料顯示，「柑橘」屬於共顯性遺傳，因此生出的「超級○○」會稱為「超級柑橘」。「超級柑橘」與「柑橘」不同，白色橫線部分會隨著成長消失，變得像「日焰」一樣。雖然「超級柑橘」的體型也會比其他品種還要大，但是「超級柑橘」與「柑橘」似乎都沒有混到巨人系的血統。

柑橘叢林

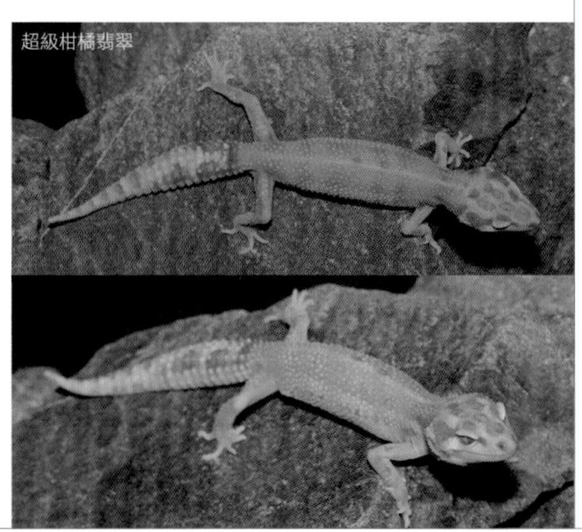

超級柑橘翡翠

血雷恩沃特紅直線（幼體）

血雷恩沃特紅直線

雷恩沃特紅直線

組合內容：紅直線+雷恩沃特白化

Raining Red Stripe

這是由「雷恩沃特白化」與「紅直線」生出的組合品種。「雷恩沃特白化」的身體較缺乏紅色或橘色的色調，較容易呈現出明亮的黃色與泛白的黃色，因此背部中央有條相當明亮的直線，線條兩側的邊緣則會呈現淡淡的橘色。有時育種家會為了增添「雷恩沃特紅直線」的色澤，進一步搭配「血」等橘化系的品種。

全眼日蝕

組合內容：超級少斑橘化+日蝕

Solar Eclipse

「全眼日蝕」擁有「超級少斑橘化」般的身體，全身呈現幾乎均一的橘色，並擁有「日蝕」的眼睛。雖然無論「日蝕」是全眼還是蛇眼，基因都是一樣的，但若是「Solar Eclipse」的話，通常是專指擁有全眼的「日蝕」。

高白化

高白化／日焰／高焰

組合內容：超級少斑（或是超級少斑橘化）＋白化（任一種）

「超級少斑」或是「超級少斑橘化」與任何一種「白化」搭配在一起的話，就能夠生出「高白化」。「高白化」的體色是介於亮黃色到橘色之間的色調，身上幾乎沒有任何斑點，並擁有屬於「白化」的紅色眼睛。當「高白化」與「超級少斑橘化」交配時，如果出現擁有蘿蔔尾的下一代時，就會稱為「日焰」。而「日焰」身上的橘色，比「高白化」還要強烈。「超級少斑橘化」與「川普白化」交配後生出的「高白化」或「日焰」中，如果有個體全身達90%以上都呈現紅柑色的話，就稱為「高焰」。

高白化

高焰

日焰

貝爾日焰

高焰

日焰

Hybino, Sunglow & Highglow

有時這些名稱也會隨著使用的「超級少斑橘化」品牌名稱或「白化」血統而異。例如，由「超級少斑橘化」與「雷恩沃特白化」生出的子代，稱為「烈酒」；由名為「電橘」的「超級少斑橘化」品牌與「白化」（主要是川普白化）生出的子代，則稱為「橘子果汁」。

岩漿

烈酒

橘子果汁

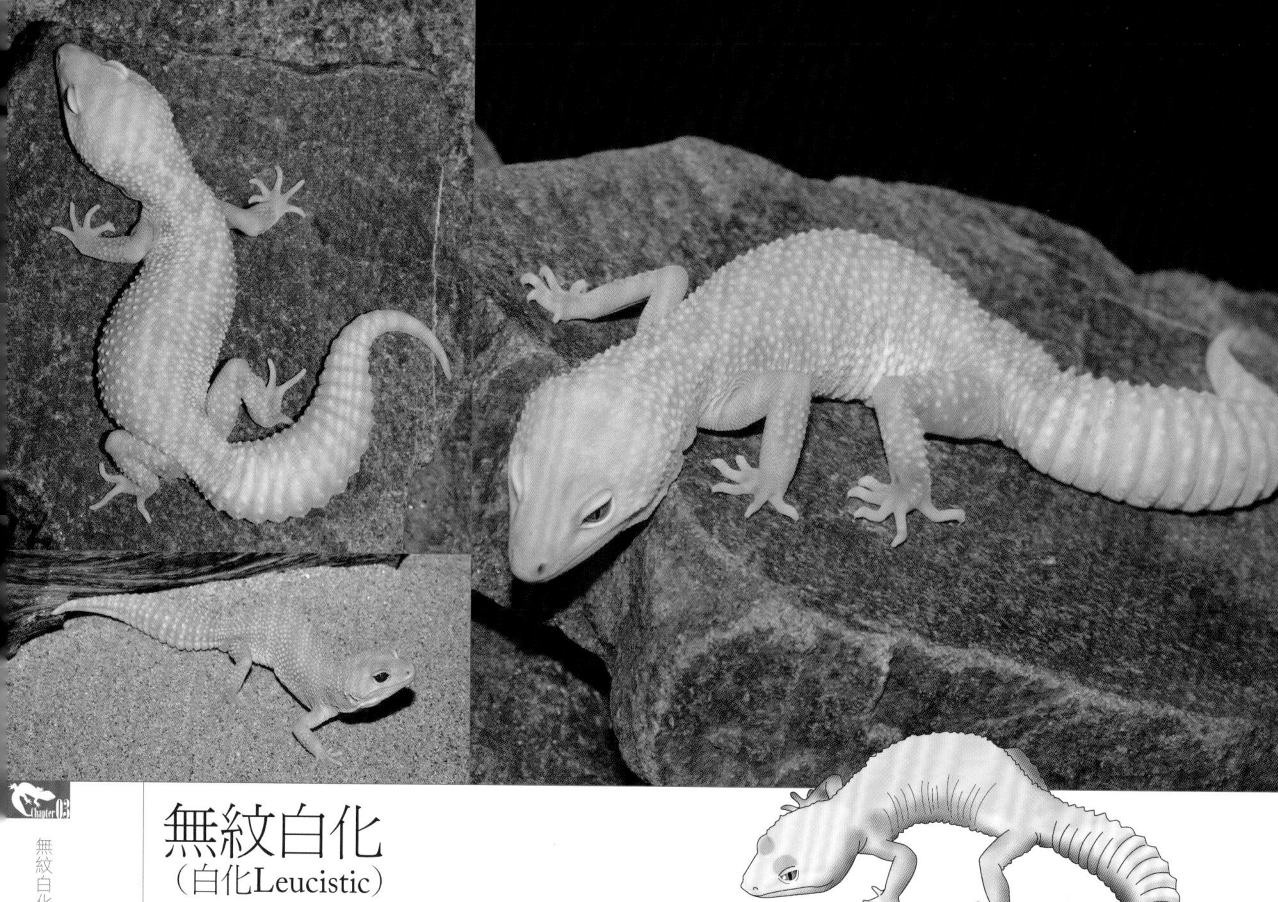

無紋白化
（白化Leucistic）

組合內容：莫非無紋+
白化（任一種）

Patternless Albino

是由「莫非無紋（也被稱為Leucistic）」與任一種白化所生成的品種。白化的基因使其少了黑斑，全身都呈現純淨鮮豔的色調，且黃色色調特別重。「無紋白化」的瞳孔顏色與白化相同，且瞳孔會在暗處時擴張，所以有助於分辨品種。

無紋雷恩沃特白化

無紋貝爾白化

無紋貝爾白化（幼體）

鬼魂（馬克雪花鬼魂）

組合內容：少斑＋馬克雪花

Ghost (Mack Snow Ghost)

這種被稱為「鬼魂」的品種，會有兩種不同的表現。一種會在P.107詳細介紹——目前還無法確認這種品種的遺傳要素等，但是許多人認為這應該是已經固定成特定品種的突變；另外一種則是這裡要介紹的藉「馬克雪花」與「少斑／超級少斑」生出的組合品種。後者這種「鬼魂」受到「少斑」的影響，使身上的黑點數量變少，再加上「馬克雪花」的血統，使「鬼魂」連同底色在內的所有顏色都帶著淡淡的朦朧感。有些育種家還會將這種「鬼魂」稱為「檸檬」。

白化暴風雪

組合內容：暴風雪＋白化（任一種）

Blazing Blizzard

這是由「暴風雪」與任一種「白化」生出的品種。白化暴風雪的英文是「Blazing Blizzard」。「Blazing」帶有「強風狂吹」的意思，因此「Blazing Blizzard」其實就是「狂吹的暴風雪」。「白化暴風雪」受到白化血統的影響，身上毫無黑斑，白色色調更加強烈。「白化暴風雪」幼體時的膚色偏淡，整體來說呈現粉紅色。瞳孔顏色則會依「貝爾白化」、「川普白化」、「雷恩沃特白化」而異，由前至後會愈來愈明亮，不過白天時因為瞳孔變細而難以分辨源自於哪種白化血統。通常直接稱為「白化暴風雪」時，使用的都是「川普白化」，如果使用了其他白化時，就會在暴風雪前面加上白化品種名稱，像是「貝爾白化暴風雪」、「雷恩沃特白化暴風雪」。基本上使用這三種白化配出的品種，都會採用這樣的命名原則。

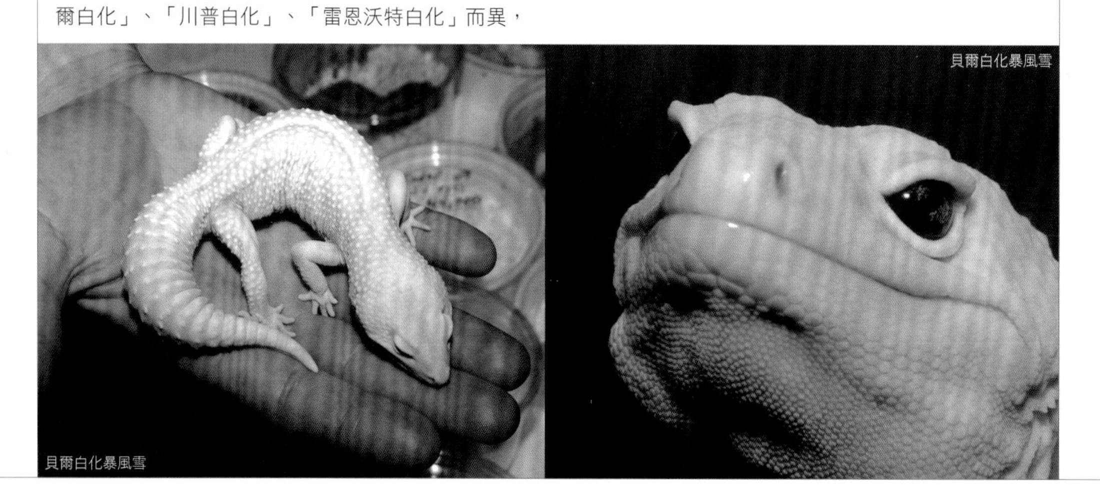

貝爾白化暴風雪

貝爾白化暴風雪

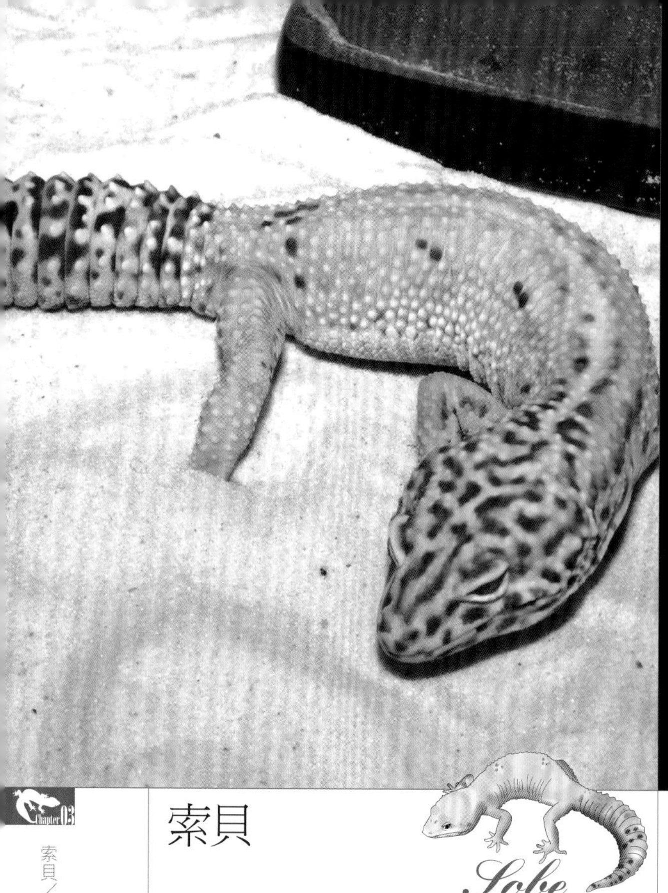

索貝
Sobe

組合內容：超級少斑橘化＋馬克雪花＋翡翠

「索貝」屬於「馬克雪花鬼魂」的一種，育種家以「超級少斑橘化」取代了「少斑」，再搭配「翡翠」的血統，期望藉此打造出由深橘色與白色組成的組合品種。不過，目前仍在朝著目標邁進的途中，育種家正努力以選別交配想達成目標，未來肯定會開發出更加鮮豔的色澤。

雪花少斑
Snow Hypo

組合內容：少斑＋TUG雪花（或是GEM雪花）

雖然和「馬克雪花鬼魂」一樣，都是由「少斑」與「雪花」生出的組合品種，但這裡是用「TUG雪花」或「GEM雪花」等非馬克雪花型的「雪花」培育出來的。呈現出的模樣與「馬克雪花鬼魂」非常相似。

奶油昔可
Creamsicle

組合內容：超級少斑橘化＋馬克雪花＋蘿蔔尾

「奶油昔可」是由JMG Reptile公司開發出的組合品種，血統源自於「超級少斑橘化」與「馬克雪花」，如果使用的個體是有著明顯蘿蔔尾的「超級少斑橘化」，那麼生出的下一代也比較容易出現蘿蔔尾。雖然搭配「馬克雪花」等雪花系所生出的組合品種，不管怎麼做都會使橘色色調減弱，但是「奶油昔可」卻能夠在呈現出白色底色的同時，具備橘色的花紋，是少數可以看到白色與橘色兼具的組合品種。

雪花焰
Snowglow

組合內容：白化（任一種）＋超級少斑橘化＋馬克雪花

無論選用哪一種「白化」與「超級少斑橘化」交配生出的個體，只要同時擁有這兩者特徵與蘿蔔尾時，就稱為「日焰」，如果再加上「馬克雪花」的特徵時則稱為「雪花焰」。這種組成要素與「幽靈」非常相似，但是「幽靈」的特徵是薰衣草色、粉紅色或白色的色調會偏強，「雪花焰」的身體則具有較強烈的橘色。「雪花焰」身上的橘色雖然色澤鮮豔，看起來卻像表面覆蓋了某種薄膜，有種霧化的柔和感，與「超級少斑橘化」這類偏向「原色」的橘色不同。

幽靈

Phantom

組合內容：川普白化＋超級少斑橘化+TUG雪花

「幽靈」是The Urben Gecko公司繁殖出的組合品種，是先讓「川普白化」與「超級少斑橘化」生出「日焰」後，再讓「日焰」與「TUG雪花」交配後生出來的。換句話說，「幽靈」也可以稱為「TUG雪花日焰」。受到「TUG雪花」與「超級少斑橘化」的影響，同血統交配所得到的遺傳效果會更加明顯，不過每隻「幽靈」個體會特別顯著的特徵都不太一樣。相較於以差不多的組合繁殖出的「雪花焰」，「幽靈」整體的薰衣草色或白色比較強，但是橘色與黃色則會偏淡。

亞普特

APTOR

組合內容：川普白化＋無紋直線＋少斑橘化＋其他

這是由羅恩・川普繁殖出的品種。「亞普特」的英文是「APTOR」，是川普將A（白化）、P（無紋）、T（川普）、OR（橘色）這幾個字組合而成的。除了「APTOR」中表示的要素以外，亞普特的血統裡還含有其他幾種不會顯露於表面的要素，所以沒有人知道究竟該讓哪些血統交配，才能夠確實繁殖出「亞普特」（由於「亞普特」是由多種血統交配後生出來的，所以就算想要透過同樣的過程，生出與原本那隻亞普特相同的個體，仍然難如登天），目前想要繁殖出「亞普特」的話，只能利用「暴龍」或「亞普特」本身了，而「暴龍」應該是從「亞普特」繁殖而來的。「亞普特」的身體花紋數量很少，但是呈現的狀態與「少斑橘化」不同，雖說每隻個體都不同，但是基本上都是較大的點狀散布在身體各處，或是花紋排成淡淡的一列，且頭部也還留有不規則的斑紋。由於「亞普特」經過白化，所以不管出現的是怎樣的花紋，色調範圍都落在深橘色到薰衣草色之間。此外，市面上也會出現擁有蘿蔔尾或蘿蔔頭的「亞普特」。

暴龍

RAPTOR

組合內容：日蝕＋川普白化＋無紋直線＋少斑橘化＋其他

「暴龍」擁有「亞普特」的特徵加上「日蝕眼」，英文為「RAPTOR」──這是R（紅眼）、A（白化）、P（無紋）、T（川普）、OR（橘色）所組成的。由於「暴龍」的體內擁有經白化的「日蝕」血統，所以會出現整個虹膜都呈現紅色（全眼時）或僅前半邊為紅色（蛇眼）狀況，有些個體只有單眼出現紅眼，有些則兩隻眼都是。以狹義來看的話，唯有全眼的個體才能夠稱為「暴龍」，但是最近卻連單邊出現蛇眼或是兩方都是蛇眼時，也會稱為「暴龍」。不過，無論眼睛狀況如何，都屬於「日蝕眼」，所以在遺傳方面是相同的。目前大多數的「暴龍」都有帶狀或反直狀花紋，不過市場上是將身體完全沒有花紋的個體視為上等類型。由於擁有紅眼與橘色身體的豹紋守宮非常令人印象深刻，使得「暴龍」迅速爆紅，以此為基礎的話，還能夠繁殖出更多的組合品種。

如「亞普特」處所述，目前除了讓「亞普特」與「日蝕」交配外，必須讓兩隻「暴龍」交配，或是使用以「暴龍」衍生出的組合品種，才能夠繁殖出「暴龍」，其他具備多種血統的品種，是無法生出原型的「暴龍」（血統交配順利的話，或許能夠繁殖出類似的品種）。

幼體

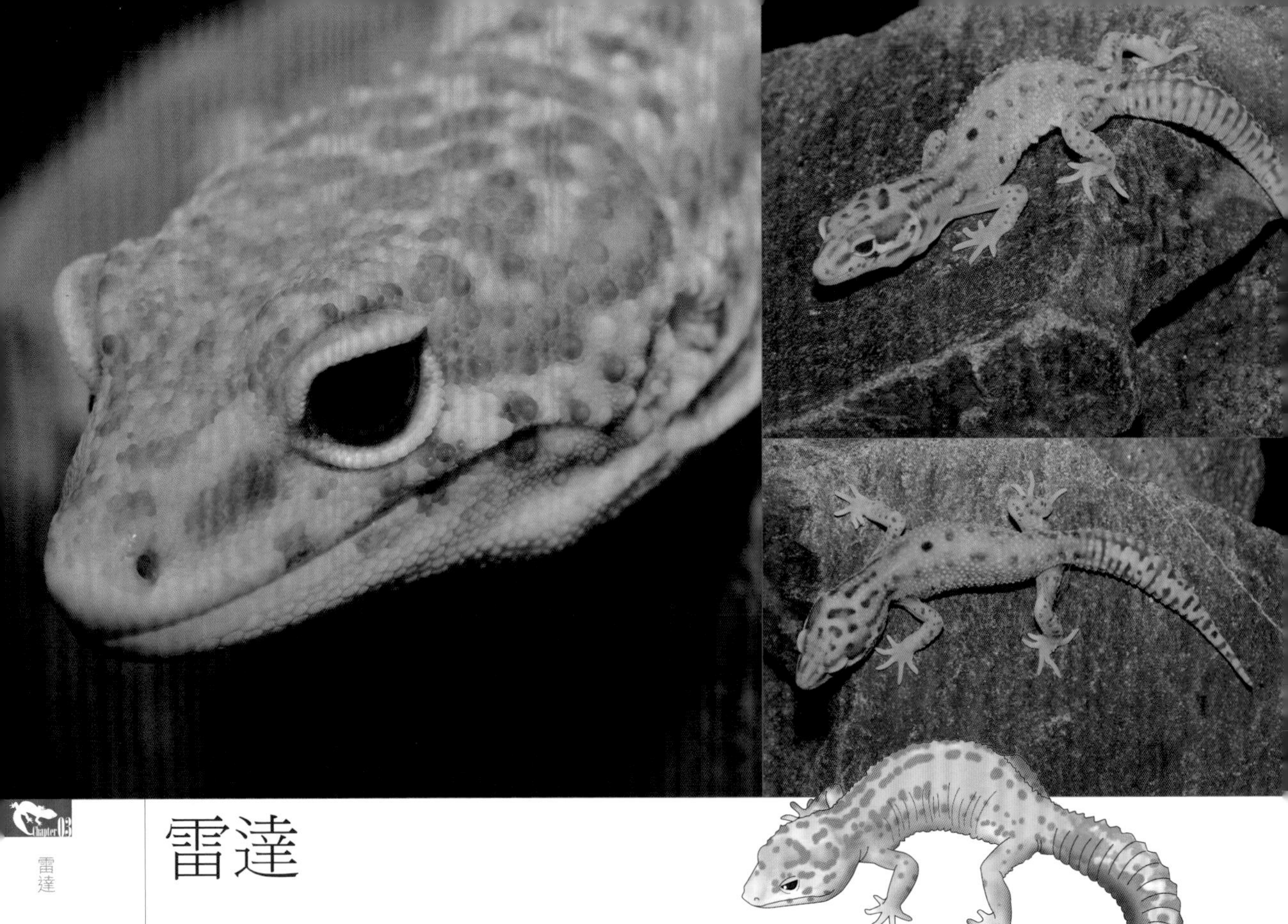

雷達

RADAR

組合內容：貝爾白化＋日蝕＋少斑橘化＋無紋直線＋其他

繁殖出「雷達」的途徑與「暴龍」相同，但使用的不是「川普白化」而是「貝爾白化」。雖然字面上看起來都很簡單，但是如同在「暴龍」裡說明過的一樣，想要繁殖出「暴龍」時，除了必須遵守遺傳要素的法則外，也必須經過各血統的層層選別交配，所以想用「貝爾白化」繁殖出類似「暴龍」的個體時，需要相當大的耐性。「雷達」是由JMG Reptile公司發表的，英文為「RADAR」。「貝爾白化」特有的紅瞳孔受到「日蝕」的影響，會擴散到整個虹膜，使「雷達」產生極具透明感、鮮豔紅色的眼睛。此外，大部分的「雷達」會擁有比「暴龍」更明顯的斑紋。

翡翠雷達

颱風

TYPHOON

組合內容：雷恩沃特白化＋日蝕＋少斑橘化＋無紋直線＋其他

繁殖出「颱風」的途徑與「暴龍」相同，但使用的是「雷恩沃特白化」。想繁殖出「颱風」時，和雷達一樣都需要相當大的耐性。由於是以「雷恩沃特白化」配出的組合品種，且「雷恩沃特（rainwater）」的英文又有雨水的意思，可能因此才取了「颱風（Typhoon）」這種與天候有關的名字。「雷恩沃特白化」的體色偏淡且亮，瞳孔呈現深葡萄酒紅色，而「颱風」也紮實地繼承了這項特徵。雖然「颱風」容易出現斑紋，但是花紋本身幾乎要融入底色裡，使「颱風」的整個身體都顯得相當明亮。另外，受到「日蝕」的影響，瞳孔的顏色會擴散到整個眼睛（或是前半邊），眼睛整體看起來呈現深濃的葡萄酒紅色。

幼體 幼體

馬克雪花白化

組合內容：馬克雪花+白化（任一種）

Mack Snow Albino

這是「馬克雪花」與任一種「白化」交配繁殖出的品種。通常單純稱為「馬克雪花白化」時，使用的就是「川普白化」，與其他種類的白化搭配時，就會冠上該種白化的名稱，變成「馬克雪花貝爾白化」或「馬克雪花雷恩沃特白化」等。有些人也會將「白化」省略，直接以「白化」育種家的名稱冠在「馬克雪花」前方，如「貝爾（白化）馬克雪花」等稱呼。有時也會省略「雪花」直接稱為「馬克」。隨著使用的血統增加，品種名稱也愈來愈長，有時會為了唸起來更順口而改變順序或是省略一部分。除了會因名稱太長而改名的組合品種外，一般來說有使用到哪些血統，就會將該血統的名稱列在組合品種的名稱上，這時只要多留意品種名稱，就會發現一些乍看之下是不同品種的個體，實際上卻系出同門。「馬克雪花白化」在幼體時會擁有白色與粉紅色的橫線花紋，底色會隨著成長而逐漸染上淡淡的黃色。眼睛的顏色則依使用的白化血統而異。讓兩隻「馬克雪花白化」交配時，就能夠生出「超級馬克雪花白化」。

馬克雪花貝爾白化

馬克雪花貝爾白化

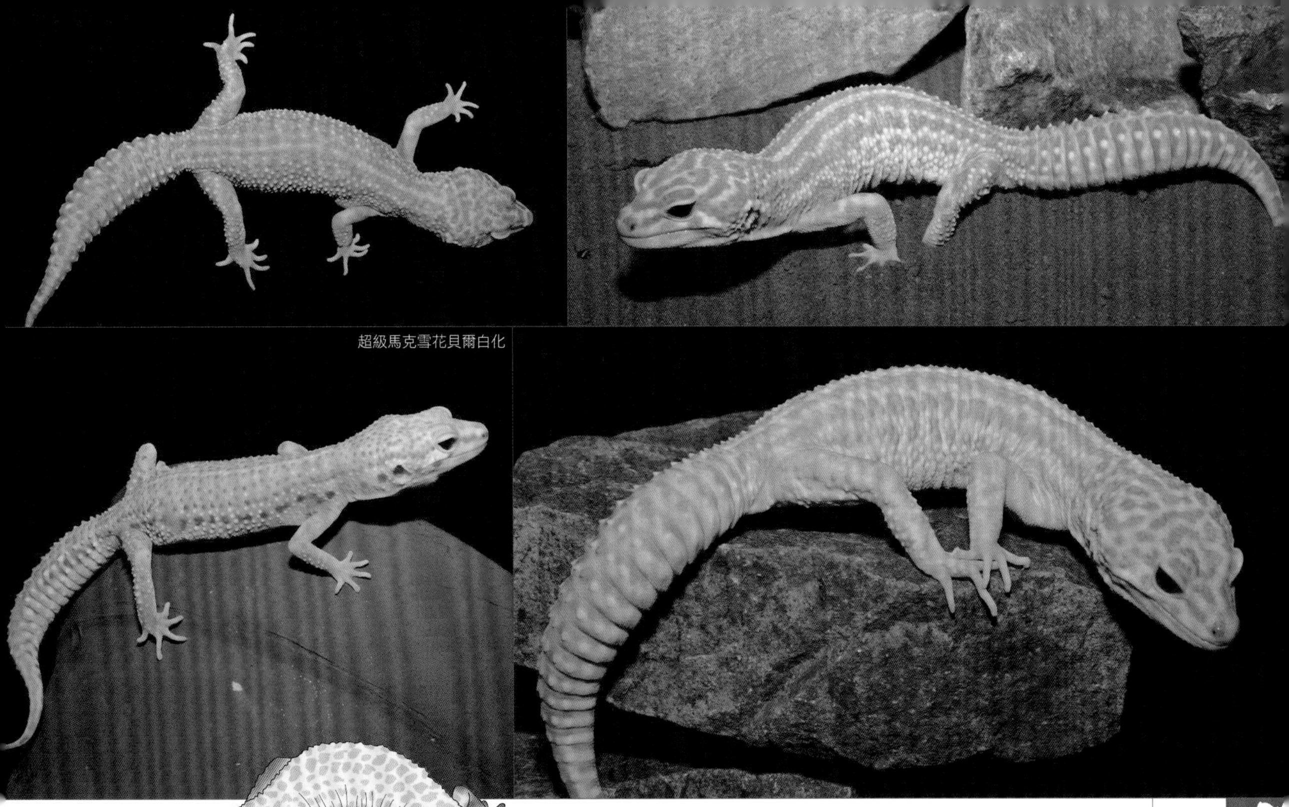

超級馬克雪花貝爾白化

超級馬克雪花白化

組合內容：超級馬克雪花+白化（任一種）

Super Mack Snow Albino

屬於共顯性遺傳的兩隻「馬克雪花」交配之後，能夠生出「超級馬克雪花」，使其與任一種「白化」交配後，就能夠生出「超級馬克雪花白化」。「超級馬克雪花」的特徵之一，就是整個虹膜會呈現均一的色澤，經過白化的程序後，除了會變成紅色或是帶紅色的色澤外，底色也會變成透出淡淡粉紅色的白色，斑紋部分則會變成淡褐色的點線或點狀。屬於高芝麻點品系（或是閃長岩品系）的「超級馬克雪花白化」，則會出現融入底色般的胡椒狀細緻花紋，乍看之下就像無花紋或是覆上淡褐色薄膜一樣。其中，使用「貝爾白化」所繁殖出的「超級馬克雪花白化」，則擁有特別鮮豔明亮的眼睛色澤。

超級閃長岩雪花白化

幼體

超級馬克雪花無紋

超級馬克雪花無紋

超級馬克雪花無紋

Super Mack Snow Patternless

組合內容：超級馬克雪花+莫非無紋

讓兩隻「馬克雪花無紋」交配的話，會生出「超級馬克雪花無紋」這種組合品種。有些個體的外觀與「莫非無紋」幾乎相同，但是整體色調會呈現出淡淡的白色，並擁有「超級馬克雪花」的特徵——整顆眼球都會呈現黑色。此外，「超級馬克雪花」的影響力較強時，個體會擁有近乎白色的外觀，背部中央也會出現比其他部分更亮的白色線條。

馬克雪花無紋

組合內容：馬克雪花+莫非無紋

這是由「馬克雪花」與「莫非無紋（Leucistic）」所生出的組合品種。由於「莫非無紋」本身的顏色明亮且均一，所以就算在「馬克雪花」的影響下黃色色調較淡化，整體看起來仍不會有明顯變化。但是有些「馬克雪花無紋」的白色色調特別強，甚至會呈現像「暴風雪」一樣的外觀。「馬克雪花無紋」在幼體時會擁有淡淡的花紋，就這一點來說與「莫非無紋」相同，但是卻幾乎沒有黃色色調，從頭到尾幾乎都是白色的。讓兩隻「馬克雪花無紋」交配的話，生出來的子代就會是共顯性遺傳的「超級馬克雪花無紋」。

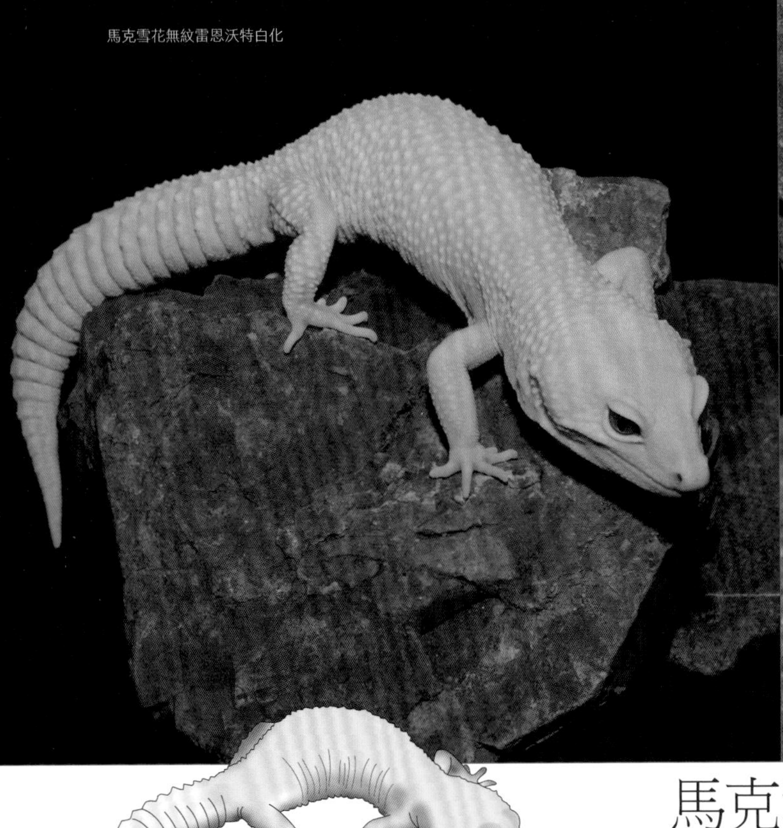

馬克雪花無紋雷恩沃特白化

馬克雪花無紋雷恩沃特白化（幼體）

馬克雪花無紋雷恩沃特白化（幼體）

Mack Snow Patternless Albino

馬克雪花無紋白化

組合內容：馬克雪花+莫非無紋+白化（任一種）

這是同時擁有「馬克雪花」與「莫非無紋」還有任一種「白化」特徵的組合品種。外觀與「馬克雪花無紋」幾乎相同，但是受到「白化」的影響，使瞳孔顏色會與使用的「白化」血統一模一樣。讓兩隻「馬克雪花無紋白化」交配的話，生出的子代就會是「超級馬克雪花無紋白化」。

超級馬克雪花無紋白化

組合內容：超級馬克雪花+莫非無紋+白化（任一種）

這是由兩隻「馬克雪花無紋白化」交配後，所得出的組合品種，名為「超級馬克雪花無紋白化」。雖然外觀與「超級馬克雪花無紋」幾乎相同，但是受到「白化」的影響，加上「超級馬克雪花」的血統也使整體眼睛的顏色均一化，於是呈現紅色或是深葡萄酒紅色的眼睛。如果使用的「白化」是「貝爾白化」，眼睛就會是明亮鮮豔的色彩；使用「雷恩沃特白化」的話，眼睛就會呈現深葡萄酒紅色。但是，實際的眼睛顏色仍依個體而異，所以並非個體擁有明亮紅色眼睛，就等於含有「貝爾白化」的血統。

馬克雪花暴風雪

Mack Snow Blizzard

組合內容：馬克雪花＋暴風雪

這是由「馬克雪花」與「暴風雪」繁殖出的組合品種。原本「暴風雪」身上的黃色色素就非常少，所以就算在「馬克雪花」的影響下使黃色色調消失無蹤，整體看起來仍不會有明顯的差異。剛孵化的「暴風雪」幼體腹側等處會浮現淡黃色，但是「馬克雪花暴風雪」會接近純白色。由於一般「暴風雪」的白色色調，也會隨著成長逐漸增強，因此兩者的外觀可以說是極其相似。在「暴風雪」的影響下，「馬克雪花暴風雪」有時候會出現與其相同的黑色眼睛，這種情況下的外觀就與「超級馬克雪花暴風雪」幾乎一模一樣。因此，如果不知道個體的血統來源，遇到這種非常態的個體時，就很難分出到底是「馬克雪花暴風雪」還是「超級馬克雪花暴風雪」了。

超級馬克雪花暴風雪

Super Mack Snow Blizzard

組合內容：超級馬克雪花＋暴風雪

這是由兩隻「馬克雪花暴風雪」交配生出的組合品種，身體外觀的色澤範圍從淡灰色到白色都有，眼睛則屬於漆黑的顏色。背部中央的線條顏色，通常會比其他部位還要明亮。

馬克雪花白化暴風雪

Mack Snow Blazing Blizzard

組合內容：馬克雪花+暴風雪+白化（任一種）

這是由「馬克雪花」、「暴風雪」以及任一種「白化」所繁殖出的組合品種。與「馬克雪花暴風雪」非常相似，但是「馬克雪花白化暴風雪」的體色比較明亮，且通常是帶有蜜桃色的白，有時也會透著淡淡的黃色。受到「白化」的影響，「馬克雪花白化暴風雪」的瞳孔顏色與「白化」相同。讓兩隻「馬克雪花白化暴風雪」交配的話，生出的子代有25%的機率會是「超級馬克雪花白化暴風雪」。

超級馬克雪花白化暴風雪

Super Mack Snow Blazing Blizzard

組合內容：超級馬克雪花+暴風雪+白化（任一種）

這是由兩隻「馬克雪花白化暴風雪」交配後生出的組合品種，體色的色澤範圍從近似白色的蜜桃色到透著淡黃色的白色都有，且眼睛的色彩都與「白化」相同。「馬克雪花白化暴風雪」的眼睛顏色，會依使用的「白化」品種而異，這一點與其他白化組合品種相同。尾巴部分則通常會呈現粉紅色系。

馬克雪花謎 Mack Snow Enigma

組合內容：馬克雪花＋謎

這是由「馬克雪花」與「謎」生出的組合品種。屬於顯性遺傳的「謎」與共顯性遺傳的「馬克雪花」交配之後生出的子代，有25%的機率會是「馬克雪花謎」，25%的機率出現「原色」，25%會是「馬克雪花」、25%會是「謎」，由於這屬於較容易繁殖出的組合品種，所以有段時間出現了大量的「馬克雪花謎」。「馬克雪花謎」受到「馬克雪花」的影響，擁有較強烈的白色色調，雖然「謎」本身就偏白，但是「馬克雪花謎」的配色卻更加明亮迷幻。使用「閃長岩品系」的「馬克雪花」時，斑紋容易呈現更細緻的胡椒狀。

幼體

大麥町（超級馬克雪花謎） Dalmatian

組合內容：超級馬克雪花＋謎

「大麥町」是由兩隻「馬克雪花謎」交配後生下的品種，也就是所謂的「超級馬克雪花謎」。前面已經提到過很多次了，組合品種的名稱不一定是單純將所有品種名稱連起來而已，有時也會出現另外取的名稱。尤其是內含血統太多的組合品種，或是育種家比較講究時，就會依體色表現命名，或是從內含血統的品種名稱發展出新的名字。「大麥町」當然就是因為擁有白底色，以及不規則的胡椒鹽花紋，看起來與名為「大麥町」的狗品種很像，才會取這個名字。受到「超級馬克雪花」的影響，「大麥町」的雙眼是全黑色，有些個體會與普通的「超級馬克雪花」很像，例如：斑點分布不均、更細緻的點狀斑紋都集中在尾巴部分等。

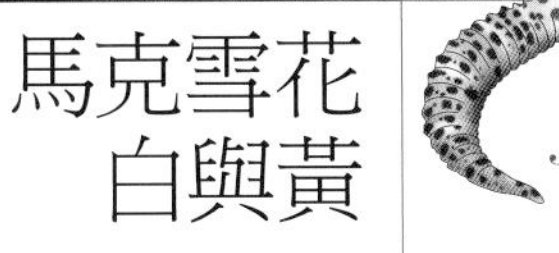

馬克雪花白與黃

Mack Snow White & Yellow

組合內容：馬克雪花+白與黃

這是由「馬克雪花」與「白與黃」生出的組合品種。「白與黃」的表現類似「謎」，但是色斑比較大，鮮少像胡椒一樣細小的斑點。「馬克雪花白與黃」即繼承了這樣的特徵，並受到「馬克雪花」的影響，使底色更淡更白，很多個體的側腹一帶都會出現白色帶狀紋路。由於是顯性的「白與黃」和共顯性的「馬克雪花」交配得出的品種，因此讓兩隻「馬克雪花白與黃」交配後，生出的子代有25%的機率是「超級馬克雪花白與黃」，但是截至2013年5月為止日本似乎還沒出現這種品種。

馬克雪花日蝕

Mack Snow Eclipse

組合內容：馬克雪花+日蝕

這是「馬克雪花」與「日蝕」交配後生出的品種。「馬克雪花日蝕」與「馬克雪花」一樣身體色調偏白，眼球則與「日蝕」一樣會呈現全黑或是僅前半部染黑的蛇眼。此外，「日蝕」與其他品種交配後生出的子代，會有白色紋路出現在吻端部至臉頰之間，以及四肢前端、側腹等位置，身體與尾巴的斑紋也會變細、變少。雖然這樣的特徵會依個體而異，但是大多數的「馬克雪花日蝕」都會出現這樣的現象。

日全蝕
（超級馬克雪花日蝕）

Total Eclipse

組合內容：超級馬克雪花＋日蝕

「日全蝕」是由兩隻「馬克雪花日蝕」交配生出的品種，也就是「超級馬克雪花日蝕」。「超級馬克雪花」會出現雙眼或單眼呈黑色的狀況，再搭配同樣擁有黑眼球的「日蝕」時，生出的子代照理說應該不會有明顯的變化，但是如P.64所述，「日蝕」與其他品種生出組合品種時，眼睛、臉頰到吻端部之間、四肢顏色與側腹等都會泛白，因此，「日全蝕」的鼻尖到臉頰與四肢前端等處，也會比一般的「超級馬克雪花」更白，且花紋的數量會更少。「日全蝕」與後面要介紹的「銀河」幾乎相同，所以有些育種家會直接將此稱為「銀河」銷售。但是，以嚴謹的角度來說，從創造者羅恩・川普公開的資訊中可發現，「銀河」與「日全蝕」其實是繁殖過程完全相異的不同品種（請參照銀河的介紹頁面）。

幼體

銀河

Galaxy

組合內容：超級馬克雪花+雪花衣索比亞（?）

「銀河」是美國超有名的育種家——羅恩・川普於2011年前往日本時，在講座上搶先全球發表的品種。雖然「銀河」的來源還不太明確，但是根據川普的說明，他是先讓「馬克雪花」與「衣索比亞（P.110）」生出名為「雪花衣索比亞」的組合品種後，再讓此品種與「超級馬克雪花」生出了「銀河」。但是海外對此抱持質疑的態度，如前所述，「銀河」的外觀與「日全蝕」幾乎相同，仔細分析「衣索比亞」也會看到與「日蝕」、「超級馬克雪花」相同的要素，因此有人懷疑這應該不能稱為新品種。川普在日本首度發表的「銀河」個體，擁有「全黑的眼珠、散布在身體各處的黑點、位在雙肩的黃色圓形斑紋」的特徵，他將這些特徵分別視為「月亮（眼睛）、星星（斑點）、太陽（黃色圓斑）」，所以才會將其命名為「銀河（Galaxy）」。事實上這時的個體應該屬於「帕拉多克斯（參照P.109）」，雖然雙肩上出現了平常沒有的黃色斑點，但是川普後來推出的「銀河」卻沒再出現這種特徵了。也就是說，後來的「銀河」特徵都和「日全蝕」一模一樣。川普後來公布了這個事實，表示最初的個體是「帕拉多克斯」，因此便將以最初個體繁殖出的品系改名為「帕拉多克斯銀河」。很多人都認為，應該是因為用來生出最初這隻「帕拉多克斯」的「衣索比亞」，擁有與「帕拉多克斯」相似（或者是使用的根本就是「帕拉多克斯」）的特徵，才會導致後面這一連串變化。「衣索比亞」目前還是種充滿謎團的品種，人們還不太清楚其來歷、作用與遺傳法則，本書將在P.110詳細介紹。經過前面這段轉折後，人們目前都認為「銀河」的特徵與「日全蝕」幾乎相同。

但是川普本身卻對「銀河」的獨特性極具自信，將「日全蝕」與「銀河」視為不同的品種。有些育種家為了向大名鼎鼎的川普致敬，也會刻意將自己繁殖出的「日全蝕」稱為「銀河」。由於這些複雜的緣由，實際上很難區分出「日全蝕」與「銀河」，不過只要想著目前的「銀河」專指由「超級馬克雪花」與「日蝕」交配生出的品種（＝日全蝕），再搭配川普經過選別血統交配所生出的個體，應該就比較清楚了。

閃長岩馬克雪花暴龍

銀河白與黃

Galaxy White & Yellow

組合內容：超級馬克雪花＋雪花衣索比亞（？）＋白與黃

如前所述，「銀河」的來歷有些複雜，但是市面上仍已經出現以「銀河」為基礎所衍生的組合品種。而「銀河白與黃」就是其中一例，此品種的背部會呈現出與「銀河」背部相同的黃色，且身上各處都可看見薰衣草色的不規則斑點等。

馬克雪花暴龍

Mack Snow RAPTOR

組合內容：馬克雪花＋暴龍

想要從零開始繁殖「暴龍」的話，可以說是難如登天。所以育種家會讓兩隻「暴龍」交配，或是讓「暴龍」與其他品種交配，藉此培育出衍生的組合品種。「馬克雪花暴龍」就是讓「馬克雪花」與「暴龍」交配生出的組合品種，斑紋與眼睛特徵都與「暴龍」一樣，但是全身的體色淡且亮，尤其是在幼體的時候，白色色調更是特別強烈，並且隨著成長逐漸轉變成淡黃色。此外，薰衣草色的斑紋分布範圍，通常會比一般的「暴龍」還要廣。

年輕的個體

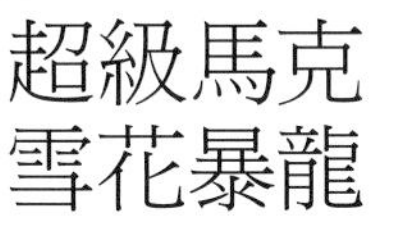

超級馬克雪花暴龍

Super Mack Snow RAPTOR

組合內容：超級馬克雪花+暴龍

先由兩隻「馬克雪花」交配生出「超級馬克雪花」後，再搭配「暴龍」生出的品種，有些人會省略「馬克」，直接稱為「超級雪花暴龍」。「暴龍」本身就擁有與「超級馬克雪花」一樣的眼睛特徵，因此「超級馬克雪花暴龍」的眼睛與「暴龍」一樣會呈現紅色。但是在「超級馬克雪花」的影響下，「超級馬克雪花暴龍」兩隻眼睛都不會出現蛇眼，通常雙眼都呈現單一的紅色。此外，身體的底色是帶有粉紅色的白色，幾乎沒什麼黃色色調。整個背部會出現比「超級馬克雪花」更多的不規則斑點花紋，但是這些花紋幾乎融入底色當中，所以乍看之下就像無斑。

潛行（馬克雪花雷達）

Stealth

組合內容：馬克雪花+雷達

「貝爾白化」版本的「馬克雪花暴龍」，就是「馬克雪花雷達」（也就是潛行）。「潛行」的英文是「Stealth」，意思是「隱藏自己的身影」；而「雷達」的英文是「Radar」，意思是感測器。由於潛行代表著祕密行動的意思，也就是指能夠逃避雷達感測的軍事技術。因此育種家似乎是帶著些許玩心，將「潛行」與「雷達」這兩個名字擺在一起。「潛行」的基本特徵與「馬克雪花暴龍」相同，但是受到「貝爾白化」的影響，眼睛的紅色更加鮮豔。此外，身體的斑紋較為深濃、清晰，斑紋與斑紋之間也較容易出現細緻的斑點。這是「貝爾白化」與「馬克雪花」交配後生出的個體常見的特徵，因此「馬克雪花貝爾白化」也經常會出現這類現象。

餘燼
（無紋暴龍）

組合內容：莫非無紋＋暴龍

Ember

「餘燼」是用「暴龍」繁殖出的組合品種之一，組合的對象則是「莫非無紋」。餘燼的英文是「Ember」，代表的是灰燼或餘火的意思，日文為「エンバー」。有些日本人會將「エンバー」唸成「アンバー」，但是後者指的是Amber（琥珀）或Umber（黃色顏料），所以兩者的意思不同（不過，我也不敢斷言說話的人，指的不是擁有琥珀色或黃色顏料般體色的品種名稱）。在「莫非無紋」的影響下，「餘燼」擁有清爽的無斑外型；在「暴龍」的影響下，則強化了黃色與橘色的色調。「餘燼」的身體到頭部間，呈現完全無斑的深黃色或鮮豔黃色，與尾巴相接處則呈現深橘色，眼睛是紅色的全眼或蛇眼。

白惡魔（暴風雪暴龍）

Diablo Blanco

組合內容：暴風雪＋暴龍

這是由「暴龍」與「暴風雪」交配生出的組合品種。在西班牙文中，Diablo意指「惡魔」，Blanco則是「白色」的意思；「Diablo Blanco」就代表「魔性之白＝難以想像竟屬於這個世界的白」的意思。我不太確定為什麼美國誕生的品種，要以西班牙文取名，不過美國西南部的部分地區，似乎會使用混雜了西班牙文的英文，所以應該是受到這種文化影響吧。順道一提，繁殖出「白惡魔」的羅恩・川普就住在德州。「白惡魔」是目前最接近純白的品種之一，雖說許多個體身上都會帶有淡淡的黃色，不過基本上都是帶著粉紅色的明亮白色。當「白惡魔」接近成體時，粉紅色就會逐漸消失，轉變成較硬質的白色。受到「暴龍」的影響，「白惡魔」擁有整隻眼睛都是紅色的全眼，或是僅前半側為紅色的蛇眼，整體外觀令人印象深刻，因此非常受歡迎。

馬克雪花謎

與謎相關的組合品種

別名：謎＋其他各式各樣的品種

「謎」屬於顯性遺傳，有50%的機率可以將特徵直接傳承給子代，對專攻組合品種的育種家來說，是非常好運用的品種。此外，「謎」的獨特性質也能夠生出獨特的花紋或顏色，因此能夠產出的版本豐富到令人眼花撩亂（這是稱讚的意思），也能夠產生出令人意想不到的品種。所以有段時間，大量的育種家藉此推出了五花八門的品種，這些品種通常會以「謎＋〇〇（組合品種名稱）」或是「〇〇謎」的名稱販售，但是就算採用相同的組合，也會因為「謎」的特色，產出外觀表現各異的個體。一旦出現不同凡響的花色時，有些育種家就會捨棄前面介紹的命名原則，另外取一個特別的名稱。因此，很多人都會將另外取的名稱，誤以為是組合品種本身的名稱。

接下來列舉的「謎」相關品種，都不會使用育種家取的獨特名稱，而是直接用「謎」與其他品種名稱組合而成。

橘白化謎

紅直線謎

貝爾日焰謎

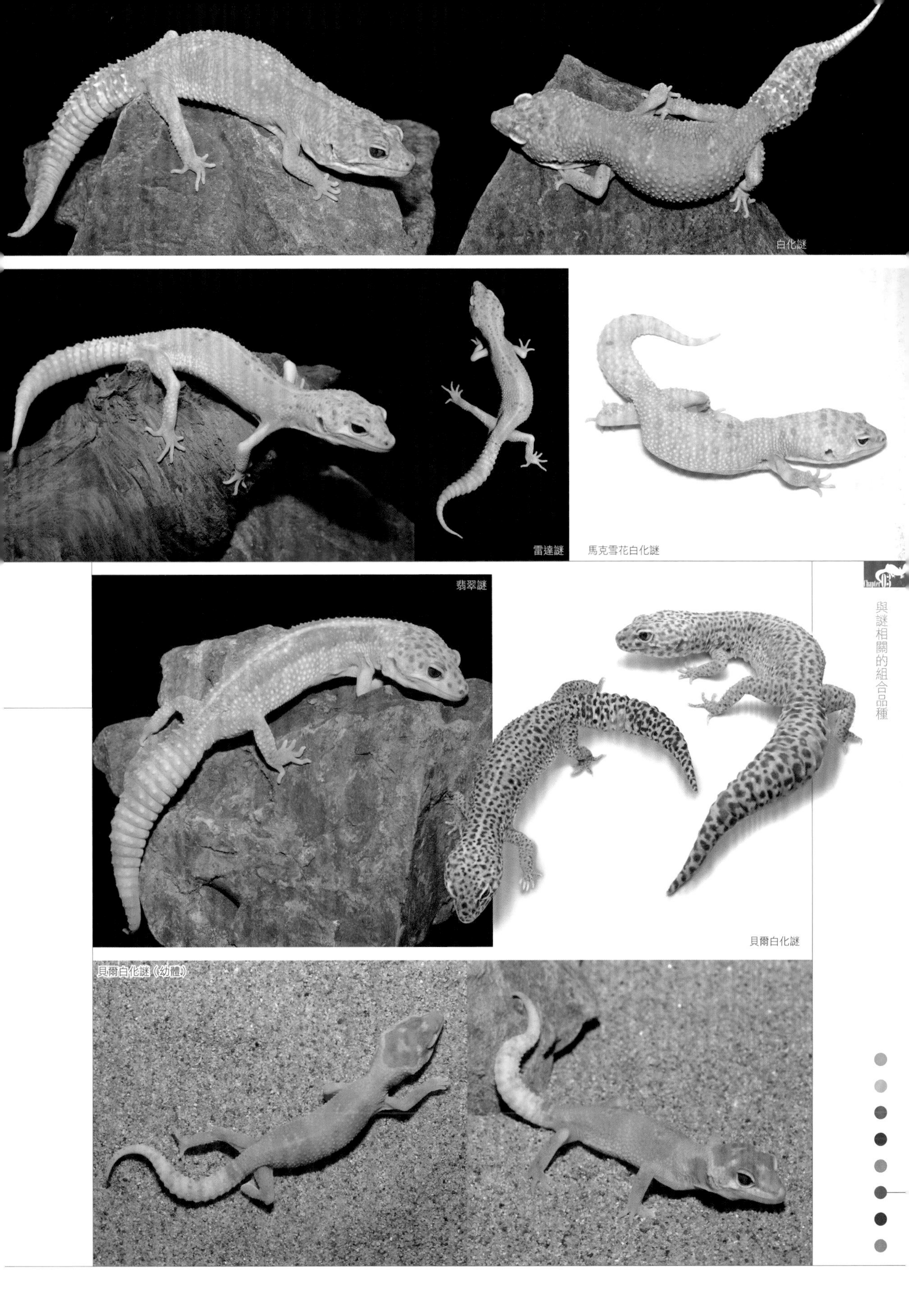

白化謎

雷達謎

馬克雪花白化謎

翡翠謎

貝爾白化謎

貝爾白化謎（幼體）

黑眼謎(日蝕謎)

BEE (Eclipse Enigma)

組合內容：謎＋日蝕

「黑眼謎」是由「謎」與「日蝕」生出的組合品種，通常會取「Black Eye Enigma」的字首，簡稱為「BEE」。「謎」本身的虹膜顏色特別深濃（尤其是幼體期），但是「黑眼謎」受到「日蝕」的影響，會呈現全黑的全眼或僅前半部為黑色的蛇眼。此外，身體上遍布不規則的細緻黑點，比一般的「謎」還要明顯；且會出現薰衣草色的淡斑或橘色淡彩，多數個體整體的色調偏淡。

黑洞

Black Hole

組合內容：謎＋日蝕＋馬克雪花

先讓「謎」與「日蝕」交配生出組合品種——「黑眼謎」後，再搭配「馬克雪花」的血統，就能夠生出「黑洞」。「黑洞」的眼睛與「黑眼謎」一樣，會呈現出全黑的全眼或僅前半部為黑色的蛇眼。體色則和「謎」一樣，每隻個體都有獨特的不規則斑紋，加上「馬克雪花」的影響，使得「黑洞」體色的白色色調更加強烈。

新星

NOVA

組合內容：謎＋暴龍

「新星」是「暴龍」與「謎」生出的組合品種，體色受到「暴龍」的影響而白化，黑點部分的顏色也轉變為介於亮褐色到薰衣草色之間，整體配色相當明亮。並遺傳了「暴龍」特有的紅眼，呈現全紅的全眼或僅前半部為紅色的蛇眼。

新星的英文是「NOVA」，如字面所述，指的就是「新的星星」，在天文用語中又指爆炸之後發出強烈光芒的星星。這個名字應該是源自於散布在「新星」身體各處的斑點，猶如星星爆炸的關係吧。此外，使用「日蝕」繁殖出的品種，多半會使用天文或天體有關的詞彙命名，所以也可能僅是承襲慣例罷了。

年輕的個體

幼體

夢鐮

Dreamsickle

組合內容：謎＋暴龍＋馬克雪花

先以「暴龍」與「謎」生出組合品種──「新星」之後，再與「馬克雪花」交配就會生出「夢鐮」。基本配色與「新星」相似，但是受到「馬克雪花」的影響，底色會帶有白色色調，整體配色相當柔和。斑點的排列有些許規則，通常都是圓形且偏大的花紋；眼睛則呈現全紅的全眼或僅前半部為紅色的蛇眼。「夢鐮（Dreamsickle）」的英文與「奶油昔可（Creamsicle）」相似，所以人們多半以為這兩種英文根源相同，但是奶油昔可指的是在橘色冰品中混入冰淇淋的甜點，但是夢鐮卻是由「Dream＝夢」與「Sickle＝鐮」組成的單字，我其實搞不太清楚原意。不過，市面上有種叫做「dreamsicle」的奶油甜點與調酒，所以「夢鐮」的原文是以此為概念命名的可能性很高。從品種的角度來看，「奶油昔可」與「夢鐮」之間並沒有太大的關聯性。

幼體

超級新星

Super Nova

組合內容：謎＋暴龍＋超級馬克雪花

讓兩隻「夢鐮」交配的話，有25%的機率會生出「超級○○」的子代，也就是「超級馬克雪花暴龍謎」。「夢鐮」的體內混有「馬克雪花」的血統，但是為什麼由「夢鐮」生出的「超級○○」，取出來的名字會與不含「馬克雪花」的「新星」這麼像呢？這是因為「黑眼謎」、「黑洞」、「新星」、「夢鐮」與「超級新星」，都是A&M Geckos公司在幾乎相同的時期開發並銷售的品種，而「超級新星」就是由「超級馬克雪花＋新星」的簡稱。如果這個品種是在「夢鐮」之後發表的話，說不定就會直接命名為「超級夢鐮」了。受到「超級馬克雪花」的影響，「超級新星」的身體底色會呈現帶著蜜桃色的白色，幾乎看不見黃色。身體帶有大型的淡可可色或淡褐色斑點，且排列似乎有一定規律，另外又因為「謎」的影響，使身體各處也散布著深黑色的不規則斑點。有時，這些斑點會受到「暴龍」的影響變得非常淡，甚至是直接融入底色當中。此外，雙眼一定都會呈現單一的葡萄酒紅色。

吸血鬼

Blood Sucker

組合內容：謎＋貝爾白化＋馬克雪花

由「謎」與「貝爾白化」交配後生出的品種，斑紋非常紊亂，虹膜或眼睛周遭也會染上紅色（情況與「日蝕白化」不同，雖然可以明顯看出瞳孔與虹膜的界線，但是兩者都屬於紅色的色系），當這些備受矚目的特徵再加上「馬克雪花」的血統後，就變成「吸血鬼」了。「吸血鬼」的體色帶有強烈的白色色調，褐色斑紋則受到「貝爾白化」與「謎」的影響，顯得既細緻又混亂，就像胡椒一樣散布在身體各處。眼睛則如前面介紹的一樣，呈現宛如血管突出般的色澤，讓人不禁聯想到吸血鬼那詭異的外貌，所以才會如此命名。

Chapter.03

Picture Book of **Leopard Gecko**

Other expressions

其他表現

這裡要介紹的是遺傳法則等尚未釐清、連來歷都還不太清楚的品種，以及外觀表現不同於一般遺傳法則的品種等。

白腹側謎

鬼魂黑眼謎

白腹側

White Side

「白腹側」的腹側到臉頰之間，會出現泛白的線條，有時外觀看起來就像在側面貼了白色膠帶一樣。很多品種都有白腹側這種特徵，目前仍在驗證這種特徵是否能夠遺傳？可以的話又是以何種規則遺傳？細節仍無人知道。因此，目前的命名規則與「蘿蔔尾」等差不多，只要出現這種特徵的個體，都可以稱為「白腹側」。

白腹側謎

鬼魂

Ghost

這裡介紹的「鬼魂」，不是P.77介紹的「少斑」與「馬克雪花」生出的組合品種，而是專指全身色調會隨著成長慢慢變淡，且斑紋等會慢慢變得模糊的所有品種。「鬼魂」的最大特徵，就是身體顏色相當黯淡，就像其他豹紋守宮脱皮前的模樣。當「少斑」出現這種「鬼魂」特徵時，會與屬於組合品種的鬼魂（P.77）非常相似，但這邊介紹的「鬼魂」不只出現在少斑裡，也會出現在其他各式品種中。通常是當個體長到亞成體後，色彩還維持著淡淡模糊感時才會稱為「鬼魂」，幼體時則不稱作「鬼魂」。目前不清楚遺傳方面的要素，仍在持續研究中。

鬼魂黑眼謎

藍點日蝕

藍點背部直線

藍點

「藍點」指的不是獨立的品種，只要「出現藍點」的個體都可以冠上「藍點」一詞，使用的方法就像蘿蔔尾一樣，因此可將其視為形容個體狀態的詞彙。很多人都認為「藍點」恐怕是「帕拉多克斯」的一種。「藍點」的特徵是頭部等處，會出現藍色色調很重的薰衣草色圓形斑。但是，實際定義卻依育種家而異，有時就算是身體部分出現較淡的黑點，或是身上某處出現泛青的斑紋時，都會冠上「藍點」一詞。

淡彩

別名：馬克淡彩

「淡彩」或「馬克淡彩」，都是「馬克雪花」中偶爾會出現的色彩變異品系。「馬克雪花」的底色在幼體時幾乎都是白色，光看外表的話與「原色」有相當大的差異，但是「馬克淡彩」的底色卻是淡黃色，僅有後頸處會呈現白色。「淡彩」的體色會隨著成長逐漸淡化，因此成體時與「馬克雪花」之間不會有明顯差異。

目前人們認為「淡彩」屬於顯性遺傳，與「馬克雪花」不同，但是現今市面上的資訊，仍不足以確定「淡彩」實際上究竟是不是真的獨立品種。

帕拉多克斯

Paradox

「帕拉多克斯」的英文「Paradox」有「矛盾」的意思。這同樣不是指特定的品種，只要個體出現對該品種而言幾乎不可能發生的色彩表現，就會冠上「帕拉多克斯」這個詞彙。舉例來說，「白化」沒有黑色素（或是含量非常低），所以身體上幾乎不會出現任何黑色；但是仍會出現稀有的個體，明明屬於「白化」身體局部卻出現了黑色的花紋，這類個體就會稱為「帕拉多克斯」。當然，其他品種也會出現這種自相矛盾的現象，例如：理應全身呈現單一白色的「暴風雪」，卻出現了少許花紋，或者明明是缺乏黃色色素的「超級馬克雪花」，卻出現了少許黃斑等。

這些個體都會稱為「帕拉多克斯○○（原本的品種名稱）」。目前普遍認為「帕拉多克斯」是僅出現在某一代的突變，並不會遺傳到子代身上。但是，現在仍無法斷定所有「帕拉多克斯」都不具遺傳性質，仍必須針對各品種一一驗證。

帕拉多克斯
超級馬克雪花

帕拉多克斯
超級馬克雪花

衣索比亞謎

衣索比亞謎

衣索比亞

Abyssinian

「衣索比亞」是身上還有許多謎團的品種，根據推出「衣索比亞」的羅恩・川普表示，這是讓「日蝕」與「暴龍」交配後所生出的品種。讓兩隻「衣索比亞」交配的話，生出的子代100%是「衣索比亞」，所以可以確定這些特徵是能夠遺傳的；但是就算與「川普白化」交配，也有100%的機率生出「衣索比亞」（沒有出現過「川普白化」，屬於異合子的狀態）等，很明顯不是單純的隱性或是顯性遺傳能夠解釋的。事實上，本來就無法確定這到底是不是一種組合品種。根據川普的說明，「衣索比亞」是「帕拉多克斯白化」的一種，但是細節部分連川普本身都還在研究中，所以恐怕要花上許多時間才能解開「衣索比亞」的遺傳法則。「衣索比亞」的特徵是眼睛的虹膜部分，看得見紅色血管。此外，川普口中的「衣索比亞」，會出現除黑色以外的所有顏色，因此，儘管「衣索比亞」全身都呈現淡淡模糊的色彩，卻沒有人能夠提供明確的定義。雖然有些個體也會出現黑點，但是依川普的說法，那是深褐色，而不是黑色。整體來看，「衣索比亞」近似於黑色素較少的「少斑」等，但是應該是種獨立的品種。

這個名字似乎源自於「衣索比亞鸚鵡（Abyssinian parrot）」。這種鸚鵡天生缺乏黑色素，但是體色卻可能是黑色以外的所有顏色，瞳孔也和白化種一樣顏色相當淡。由於特徵與這種豹紋守宮相似，所以就稱為「衣索比亞」。「衣索比亞」與其他品種交配後生出的子代，會產生相當獨特的顏色與花紋，據說「銀河」的誕生就與「衣索比亞」有著密切關聯性。

衣索比亞白與黃

雪花衣索比亞

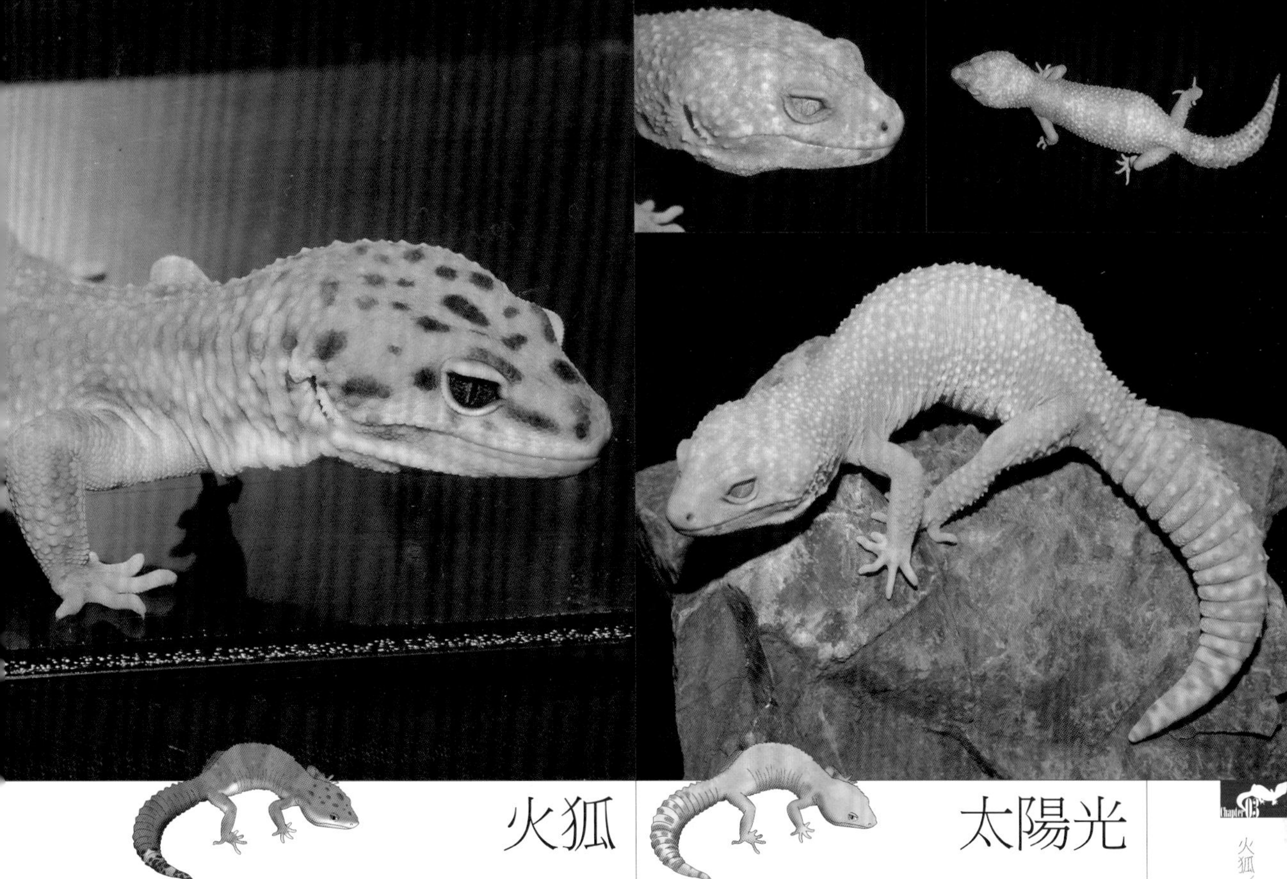

火狐

Firefox

「火狐」是透過「少斑橘化」選擇交配所生出的，是羅恩．川普推出的設計品種。遺傳等細項並未詳細公開，不明確的部分還很多，所以就放在這一章介紹。「火狐」的外觀表現類似「超級少斑橘化」，就算長到成體也會留下幼體期的暗色斑紋痕跡。這些部分會呈現出比底色更深的橘色，有些斑紋還會透出薰衣草色。也就是說，「火狐」的體色並非均一的橘色，背部會呈現深淺不一的橘色，部分斑紋還會呈現薰衣草色。火狐的英文「Firefox」，基本上指的是「紅熊貓」，但同時也是「赤狐」的英文名稱，因此將此品種命名為「Firefox」，或許是因為體色類似其中一種（或兩種皆是）的關係吧。

太陽光

Solar Ray

「太陽光」是鮮少人知道的品種，來歷還不太清楚。外觀很像體色偏橘的「白化」，乍看之下會認為是「橘白化」的一種，但是仔細看會發現「太陽光」的眼睛顏色很獨特，虹膜與「衣索比亞」同樣都會呈現出血管狀的花紋。有種說法認為，這可能是擁有日蝕眼的「超級少斑橘化」（也就是「全眼日蝕」）與「川普白化」生出的組合品種。「日蝕」也是「衣索比亞」的血統根源之一，所以可能就是因為這樣，「太陽光」才會和「衣索比亞」相同，虹膜都浮現出血管。相信今後會隨著流通數量增加，使其來歷愈來愈明朗吧。

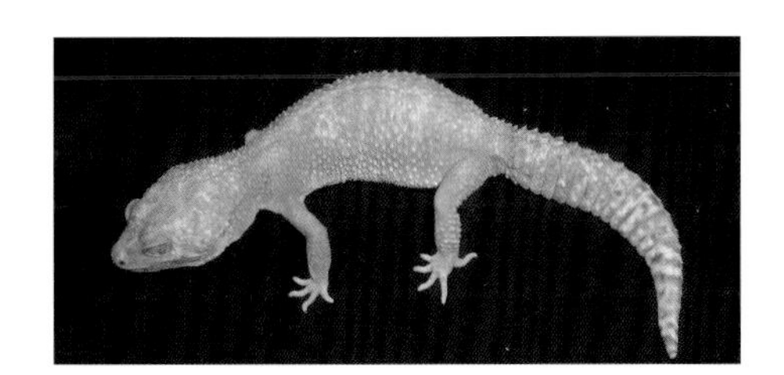

札格納特

Juggernaut

經過選別交配的「阿富汗豹紋守宮」或是「帶斑豹紋守宮」會命名為「札格納特」。這並不是固定遺傳下來的品種，而是由特定育種家繁殖出的品牌血統品種。札格納特原本是印度神話裡神的化身，象徵著「巨大的力量」、「不可抗拒的力量」。

野日蝕

Wild Eclipse

「野日蝕」並不是品種的名稱，而是讓出現日蝕狀態（雙眼的虹膜和瞳孔都是黑色的）的野生個體經過累代繁殖後，固定下來的幾個血統總稱。雖然外觀與「日蝕＝川普日蝕（P.64）」相同，但是尚未驗證兩者在遺傳方面是否也相同，所以就放在此處介紹。源自於野生個體的「日蝕」，在一些育種家的努力下，產生了幾種獨特的血統，並以獨特的名稱命名，目前最廣為人知的就是「噴射機」與「氧化」等。雖然已經說過很多次了，不過再強調一次，現在還不曉得「噴射機」與「氧化」等，到底是擁有不同基因的其他品種，還是其實與「日蝕」相同。

Picture Book of **Leopard Gecko**

Future Morph

今後的品種

如同複合品系處介紹的一樣，讓不同品種交配生子的話，能夠延伸出無限多的品種數。再加上未來如果又出現新的單一品系品種時，就能夠發展出更多元化的品種了。因此，這裡要介紹幾種才剛開發出來，目前在日本市面上幾乎看不到（有些甚至還沒傳進日本）的複合品系，以及還沒固定化或尚未成功解析出遺傳法則等的開發中新變異品種等。相信在不久的將來，這些新品種也會傳進日本吧。

白與黃火焰白化

組合內容：白與黃＋橘化＋川普白化

「橘化」的眾多品牌血統當中，有種會呈現出極深紅色的「火焰橘化」。讓「火焰橘化」與「白化」（主要是川普白化）交配生出的品種即為「火焰白化」，但是這類品種的流通量很少，所以幾乎沒什麼人知道。「火焰白化」雖有著近似於紅色的深橘紅色，但加上「白與黃」的血統後，就誕生出擁有淡奶油色或泛白黃色花紋，與帶有螢光感的深橘紅色斑紋的組合品種。而這種組合品種就稱為「白與黃火焰白化」，別名「棒棒糖」。

由於這是剛發表不久的品種，再加上「白與黃」和「橘化」都不一定會將所有特徵遺傳到子代身上，此外，「白與黃火焰白化」的底色太白了，想生出斑紋部與尾巴都呈現出燃燒般火紅色的理想個體非常難，所以市場上幾乎看不到「白與黃火焰白化」。相信未來經過層層選擇交配後，能夠繁殖出特徵更明顯的個體，在市場上的能見度也會慢慢提高吧。

超級潛行

組合內容：超級馬克雪花＋雷達

「馬克雪花」與「雷達」生出的組合品種就是「潛行」。由於血統包含了共顯性的「馬克雪花」，所以以這個血統發展下去，就能夠生出「超級馬克雪花雷達」，也就是這邊介紹的「超級潛行」。讓兩隻「馬克雪花雷達」交配的話，生下的子代有25%的機率是「超級潛行」，但是此品種目前仍未在市面上流通，所以日本還找不到「超級潛行」，很有可能根本還沒傳進日本（截至2013年5月）。「超級潛行」的體色比「潛行」還白，斑紋更少，整體來說屬於帶著粉紅色的白色外觀。

雪花片

組合內容：馬克雪花＋莫非無紋＋暴龍

這個組合品種本身的搭配法就鮮有人知——這是先讓「莫非無紋」與「暴龍」交配生出「餘燼」後，再與「馬克雪花」交配生出的品種。

基本上「雪花片」的外觀與「餘燼」相似，但是「餘燼」擁有強烈的黃色色調，「雪花片」則受到「馬克雪花」的影響，體色會呈現淡奶油色或帶有黃色的白色，頭部與尾巴附近則會呈現淡淡的蜜桃色。

氣旋

組合內容：莫非無紋＋颱風

讓可稱為「雷恩沃特白化版暴龍」的「颱風」與「莫非無紋」交配後，就會生出名為「氣旋」的組合品種，也就是「雷恩沃特白化版餘燼」。「氣旋」的外觀與「餘燼」相似，但是受到「雷恩沃特白化」的影響，整體顏色較淡較明亮，尤其是尾巴與臉部周邊的白色更加強烈。連同虹膜在內的整體眼睛，都會呈現比紅色更深的葡萄酒紅色，乍看之下會很像黑色。「氣旋」指的是與颱風相似的熱帶低氣壓，可能是因為使用「雷恩沃特白化」，所以取出來的名稱都與氣象有關。

極光

組合內容：白與黃＋貝爾白化

最近流通的數量有比較多的「白與黃」與「貝爾白化」交配後生出的組合品種就是「極光」。「極光」的身體會以體側為中心出現泛白的色帶，背部一帶則是黃色，四肢與尾巴會有淡粉紅色或薰衣草色，背部則會出現不規則的橘色斑紋。紋路帶有模糊感，且整體配色顯得相當夢幻，因此命名為「極光」。

渦流

組合內容：莫非無紋＋颱風＋謎

「氣旋」與「謎」交配生出的就是「渦流」。雖說「謎」的血統會使生下的個體擁有不規則狀的斑紋，但是「氣旋」在「莫非無紋」的影響下，本來就沒有斑紋，所以不受「謎」的影響。因此，就算加上「謎」的血統變成「渦流」後，看起來仍與「氣旋」沒什麼差異。有些個體會出現「帕拉多克斯」型的尾巴等，不過也只是該處出現細緻的斑點而已。不過，很多像這樣乍看毫無意義的組合，只要搭配其他品種繼續繁殖下去，該血統就可能在子代或孫代等，產生意想不到的作用。所以育種家不僅只看表面，而是會經過深思熟慮後，實際將各個品種湊在一起，並如前述地展望未來，努力想發展出新品種。「渦流」的意思等同於「漩渦」，和「氣旋」、「颱風」等一樣，都是源自於氣象的名稱。

水晶

組合內容：馬克雪花＋雷恩沃特白化＋日蝕＋謎

水晶是The Urban Gecko公司才剛推出的組合品種，同時擁有「日蝕」、「雷恩沃特白化」、「馬克雪花」與「謎」這四個品種的特性。「雷恩沃特白化」加上「日蝕」基本上就代表了「颱風」，所以也可以寫成「颱風＋馬克雪花＋謎」。「水晶」的體色擁有非常強烈的白色色調，背部受到「謎」的影響，會出現薰衣草色或紅柑色的不規則斑點，也會散布著細緻的亮褐色斑點。整顆眼睛都是逼近黑色的深葡萄酒紅色。由於這是剛發表不久的品種，所以可能還得等上一段時間，才會出現在日本的市場上吧。

川普黃化

「川普黃化」還處於研究的階段，尚非固定的品種，可以說是還沒到達終點的未來品種（這種情況下都會將該品種稱為「○○專案」）。這是羅恩・川普開發中的品種，是川普在進行包括「白惡魔」在內的育種專案過程中所發現的個體，當時他認為這很有可能是新的品種，所以先暫稱為「川普黃化」。一如其名，「川普黃化」的身體與頭部會呈現出毫無斑紋的明亮黃色，尾巴則是白色的，虹膜的色澤不僅介於金色與黃色之間，還會和「白化」一樣浮現紅色的血管。

當某品種與特定的其他品種交配後，有可能會產生一般難以看見的效果，這樣的結果就稱為「解鎖（＝開放；unlock）」。川普認為自己培育出的「亞普特（APTOR）」血統，也具有解鎖的作用。如果川普的推測沒錯的話，這個「川普黃化」就是透過這種作用所誕生的，因此他現在正著手驗證中，想確認「川普黃化」到底是透過什麼樣的機制出現的。目前為止，川普已經培育出了9個「川普黃化」個體，超過一半的個體都出現了前述的特徵。目前川普還沒有銷售「川普黃化」的計畫，但是等他解析出詳細遺傳途徑後，肯定很快就能夠在市面上看見「川普黃化」了吧。

縞瑪瑙

「縞瑪瑙」不是組合品種，而是The Urban Gecko公司發表出的新品種。該公司在自家原創繁殖出的血統──「TUG雪花（P.42）」中，偶然發現了底色呈現灰色的個體，且身上布滿了許多有些模糊的黑點。The Urban Gecko公司將這種個體挑出來進行選別交配，結果發現和「少斑橘化」一樣，雖然個體間有些許的差異，但是與一般的血統不同，符合視為品種的條件，因此進行公開發表。想必「縞瑪瑙」今後也會像「少斑橘化」等品種一樣，透過層層選別交配後，產生出更明顯的特性吧。從The Urban Gecko公司官網發布的照片來看，「縞瑪瑙」的個體擁有黑色的虹膜，但很有可能只是從照片上看來顯黑而已。

Chapter.04

Picture Book of **Leopard Gecko**

Related Species of Leopard Gecko

豹紋守宮的近緣種

伊朗豹紋守宮

Eublepharis angramainyu

分布：伊朗西南部、伊拉克東北部、敘利亞東部、土耳其南部
全長：30cm 左右

幼體

「伊朗豹紋守宮」在亞洲守宮屬中算體型較大的一種，全長接近30cm，與豹紋守宮中的大型品種——「川普超級巨人」等幾乎差不多大，不過屬於野生型的品種本來就比較大，四肢會比一般豹紋守宮還要長，整體身形看起來較為修長。雌性個體則比雄性嬌小一點。一般豹紋守宮的指腹有些粗糙，但是本品種的指腹比較光滑。體色的黃色色調，比一般豹紋守宮的野生型還要強烈，頸部與腰部之間充滿了黑斑，且會有3條橫線斑紋。這一帶的底色也不太一樣，會呈現介於淡紫色到褐色之間的色調。頭部則會有黑色網狀花紋，且花紋通常會連成倒V字型。「伊朗豹紋守宮」長到成體時，背部中央會出現一條明亮的線條，這條亮線看起來就像切斷身上的黑色橫斑一樣。敘利亞與土耳其南部的部分群體，背部的黑點不會形成橫線，而是像小型的圓斑一樣排列在背部，由此可發現每個地區的「伊朗豹紋守宮」體色表現都略有差異，但是詳情仍有待確認。專攻本品種的育種家為數極少，且有時會依產地區分個體。

「伊朗豹紋守宮」會棲息在岩石較多的丘陵地或荒地，行走時則會抬起身體，紮實地跨出四肢。這個品種的學名中有「*angramainyu*」一詞，指的是拜火教中的惡神，因此日文才會稱為「オバケトカゲモドキ（妖怪豹紋守宮）」（這個名稱另一方面，也是想表現出體型較大這個特徵）。目前市面上的「伊朗豹紋守宮」數量非常少，僅有少數歐洲繁殖的個體流入日本而已。

應該是來自於其他地區的族群

東印度豹紋守宮

Eublepharis hardwickii

分布：印度東部
全長：22cm 左右

又稱為「海蛇豹紋守宮」。「東印度豹紋守宮」是亞洲守宮屬中最小型的一種，全長僅23cm以下。但是身形比較壯碩紮實，尾巴較粗，所以實際看起來並不會覺得嬌小。頭部沒有同屬的其他品種那麼有稜有角，臉頰不會明顯突出，吻端則偏長。配色與同屬其他品種之間，也有非常大的差異，所以能夠輕易分辨。「東印度豹紋守宮」的底色是帶有黃色色調的亮褐色，頭部與身體中央之間，以及身體後半到腰部之間會呈現偏紅的黑褐色，且會有一圈明亮的帶狀花紋從後腦勺繞過吻端。虹膜是黑色的，因此瞳孔不像其他品種那麼明顯。幼體時的色調有些偏亮，橫線部分的層次感較強烈，且這樣的特徵長到成體之後不會有明顯變化，光從這一點來看就與其他品種有極大的差異。「東印度豹紋守宮」棲息在樹林或丘陵地，常見於森林內的開闊空地，牠們屬於夜行性動物，因此白天會躲在岩石下方。比起其他品種更喜愛潮濕環境，雖然主要棲息於地面上，但是有時也會爬上樹。日本市場目前很少見，僅引進少許歐洲等繁殖出的個體。

土庫曼斯坦豹紋守宮
Eublepharis turcmenicus

分布：土庫曼斯坦南部、伊朗北部
全長：23cm 左右

這是「一般豹紋守宮」的近緣種，外觀也非常相似，全長約20～23cm，在同屬的品種中偏小型，僅次於「東印度豹紋守宮」；體型則比「一般豹紋守宮」或「伊朗豹紋守宮」更加纖細，散發出些許優雅氛圍。體色的黃色色調偏淡，底色介於明亮的砂色至黃褐色之間，背部的暗色斑較大塊，介於褐色到亮褐色之間。暗色的橫線花紋在幼體時，會呈現3～4條帶狀花紋，且橫跨頸部至身體（人們將3條線視為典型花紋，但是其實市面上4條線的個體較常見）。長到成體之後，就會逐漸轉變成由黑點凝聚而成的花紋，且比其他品種更容易留下橫線。頭部的暗斑雖然不規則，但是密度相當高，且會擴散至整體頭部，程度更甚「一般豹紋守宮」與「伊朗豹紋守宮」。

近年海外的育種家才開始繁殖這種品種，目前也已經引進日本。不曉得是否因為「土庫曼斯坦豹紋守宮」本身的性質跟「一般豹紋守宮」太像了，因此也會出現兩者外觀幾乎一樣的個體。有些不太懂生物分類的海外育種家，繁殖出的個體可能不屬於本品種，而是棲息在本品種分布地區附近的地區族群。

幼體

大王豹紋守宮
Eublepharis fuscus

分布：印度西部
全長：33cm 左右

這是亞洲守宮屬中最大的品種，就算比較範圍拓寬到棲息在地面的守宮／壁虎，體型仍是數一數二的大，平均全長約33cm，其中有6成屬於身體，尾巴較短，所以分量感很重。據說最大隻的「大王豹紋守宮」全長甚至接近40cm。從這樣的資訊來看，就算比較範圍不限定在棲息於地面的壁虎與守宮，還是可稱為最大的品種。「大王豹紋守宮」棲息在印度西部，所以又稱為「西印度豹紋守宮」。如前所述，「大王豹紋守宮」的身體較肥厚，頗具重量感；體色則與「一般豹紋守宮」相同，分有幼體色與成體色。幼體時擁有黃褐色的底色以及黑色的頭部，後腦勺則有細緻的環狀花紋，頸部與腰部之間則有2條粗黑的橫線花紋，尾巴同樣有黑與白交錯的粗型環狀花紋。長到成體時，背部的橫線部分會逐漸變成不規則黑斑組成的花紋，底色也會出現許多細緻的黑點。幼體時單純黑色的頭部，和橫線部分一樣，會逐漸變成黑色不規則斑點凝聚成的花紋。另外，「一般豹紋守宮」的虹膜是灰色，但是「大王豹紋守宮」則是深濃的黑褐色。野生個體會棲息在薩凡納的草木茂密處、半沙漠地帶、乾燥樹林等。由於很少人飼養本品種，因此目前並無進口到日本（截至2013年5月）。

Chapter.05 How to care & breeding

Leopard Gecko

豹紋守宮的飼養與繁殖

豹紋守宮是寵物型爬蟲類中流通量最大的一種，所以要買到的機會也比較多。許多爬蟲類專賣店、主要銷售熱帶魚或小動物的綜合寵物店，都看得到豹紋守宮的身影。在爬蟲類專賣店與綜合寵物店購買時，可以同時買到個體、飼養必備器材及餌食等，很適合第一次養豹紋守宮的人。另外，也可以直接向專門繁殖的育種家購買，很多育種家會將自家繁殖出的個體，帶到專門銷售爬蟲類的活動上，甚至會針對個體詳細說明，包括個體本身的細部特徵、親代或更之前的血統是屬於什麼品種等。

無論是從哪裡購得的，都應在購買豹紋守宮之後盡快回家，擺設好飼養箱之後放進去吧。夏季與冬季都是室外溫度變化劇烈的時期，尤其是夏天等的車內，如果沒開空調的話，氣溫會在短得驚人的時間內，提升到相當危險的熱度，雖然豹紋守宮對環境溫度變化不算敏感，但如果在夏季，將守宮放在容器裡就熄火順道去別的地方辦事時，還是很有可能發生意外。所以購得豹紋守宮後，應將個體視為最優先，千萬別忘了自己從業者手上得到豹紋守宮的同時，也就得打起飼養與管理的責任了。

豹紋守宮的飼養

■飼養必備器具 *Care 01*

打理豹紋守宮的飼養環境時，只要簡單的布置就能夠完成。由於原種（野生種）的豹紋守宮，本來就是生存在乾燥地的壁虎之一，所以只要在鋪好沙子或礫石的飼養箱裡，擺上岩石等就可以了，不過經過長年的飼養後，本來就健壯的豹紋守宮，在層層的累代繁殖中提升了適應性，所以相較於眾多壁虎品種，能夠採取具有系統性的寵物型養法。而這裡要介紹的就是簡單的飼養方法，必要的器材如下：

- ●飼養箱（可選用塑膠盒、壓克力箱或玻璃水族缸等各種材質的容器）
- ●水容器
- ●加熱墊
- ●底材
- ●遮蔽物（有些個體或品種不需要）

■組裝飼養器材 *Care 02*

首先，應選好最重要的飼養箱。基本上豹紋守宮適合單獨飼養，當然有些體型或部分性別組合下，要將多隻養在一起也沒關係，但是嚴禁讓多隻雄性住在一起，否則會打起來。此外，將多隻幼體養在一起時，可能會互咬尾巴，進而引發不必要的麻煩，所以還是盡量避免在同一箱內養超過一隻的個體。真的想把多隻養在一起時，建議為1隻雄性搭配數隻雌性，或是只養數隻雌性。不過，在空間大小一樣的前提下，依個體數量切成數個獨立區塊（也就是說，準備兩個小飼養箱），還是比讓多隻個體同居好得多了，各自獨立的情況下，才不會發生搶奪餌食等多餘的困擾。由於豹紋守宮不是很講究空間大小的生物，所以可以的話還是單獨飼養吧。

塑膠材質的飼養箱是最常見也最方便的，既輕又堅固，髒掉的話也能夠輕易地把整個箱子清洗乾淨。同時也可把多個飼養箱堆在一起，對沒有太多飼養空間的人來說相當方便。用壓克力製成的爬蟲類用飼養箱，同樣具有輕盈且方便使用的優點，但是比塑膠盒更容易出現傷痕，所以清洗時要使用較軟的刷子等，必須多花點心思。另外，也可以選用玻璃水族缸或專為爬蟲類準備的前開式專用飼養箱等，但是這些材質的飼養箱比較重，清潔起來也比較費功夫，優點則是不容易出現傷痕等。

不管選擇哪一種材質，飼養箱的長邊都應為飼養個體全長的兩倍，當然，要選比這個更寬敞的箱子也沒問題。豹紋守宮不常爬上爬下，通常都是在平面上移動，所以不用太在意飼養箱的高度。選用較低的箱子時，就算底部面積沒變，仍不會產生空間壓迫感，所以不會有太占空間的感覺。

雖然豹紋守宮不會爬上爬下，但仍別忘了蓋上飼養箱的蓋子。塑膠盒或壓克力箱這類容器的蓋子，多半會與容器本身連在一起，但是使用玻璃水族缸的時候，就必須另外設置金屬網等蓋住出口。

飼養箱內必須鋪設底材，市面上同樣售有五花八門的材質。適合的底材包括各種沙子、將椰殼纖維切碎後製成的墊子（棕櫚墊等）、木屑、乾燥牧草等，另外也可以使用廚房紙巾或寵物防尿墊。使用沙子會使飼養箱環境看起來有模有樣，但是容易吸附糞便或尿液的臭味，有時豹紋守宮還會誤食沙子，使其卡在腸胃裡面，此外，當沙粒過小的時候，也可能跑進豹紋守宮指尖的細小鱗片裡或眼部，使個體受傷。廚房紙巾等紙類沒辦法像其他底材一樣，具有吸收糞便與尿液的功能，但是反過來說，有髒汙時也會比較容易發現，而且更換很方便，所以推薦使用紙類當底材。寵物防尿墊具有優秀的吸收性，能夠吸附糞便與尿液內的水分，就算水容器的水不小心溢出來也可馬上吸收，能夠避免箱內過於潮濕悶熱。更換方式也與廚房紙巾一樣，相當簡便。另外，當環境色調較為明亮時，能夠襯托出個體本身的色澤，所以白色的紙類底材，有助於飼主欣賞品種化的豹紋守宮體色。飼主請依自己的飼養型態、底材的取得容易度等條件，從中選擇適合自己的種類吧。

豹紋守宮屬於夜行性動物，所以不需要特別設置照明，也不需要像日行性爬蟲類一樣透過紫外線促進鈣質吸收，僅在飼主想欣賞個體或覺得有必要的時候再開燈就可以了。這時，也應避免使用會放射出強烈紫外線的燈具，且有些品種在燈光照射下會因為覺得刺眼而活動力低下，所以應格外留意。此外，很多豹紋守宮身處過於明亮的環境時，體色也會變得較為黯淡。

想為豹紋守宮維持溫度時，最適合的選項就是加熱墊。豹紋守宮其實不太怕低溫，所以除了冬季外都不需要特別保溫，但是幼體與年輕個體還是養在偏高的溫度中，才能夠保持良好的狀態。高溫狀態可幫助豹紋守宮消化餌料，也能夠讓體色更加明亮純淨，不管是從健康還是欣賞方面都能夠帶來好處。此外，將幼體養在溫暖的環境裡，也能夠成長得更加順利。市面上有相當豐富的保溫器材，但是如前所述，豹紋守宮不適合明亮的環境，所以應選用不會產生光線的保溫器材。其中，最好用的就是名為「加熱墊」的保溫器材，能夠鋪在飼養箱下或外牆處，透過照射出的遠紅外線溫暖個體，且大多數的加熱墊都具有自動調節溫度的功能，可避免溫度過度上升，如此一來，二十四小時使用也很安全。建議的加熱墊尺寸，應為飼養箱底面積的三分之一左右，如果找不到適當的尺寸時，只要讓加熱墊的其中一部分貼在飼養箱上即可，否則，要是加熱墊貼滿整個飼養箱底部，就會使個體在覺得過熱時無處可逃。由於爬蟲類是無法自行調節體溫的動物，所以必須格外留意。

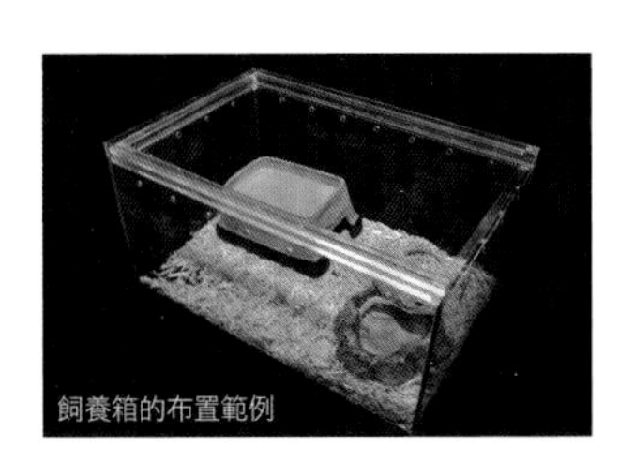
飼養箱的布置範例

水容器則應選擇穩定一點的類型，避免一下子就翻倒了。市面上售有各式各樣的水容器，所以請依飼養個體的體型大小選擇適當的尺寸吧。飼養幼體等嬌小的個體時，如果使用的水容器太深，可能會發生爬進去後出不來的現象，必須特別留意。有些個體在脫皮前等時期，會跑到水容器裡浸泡身體，這是為了軟化準備脫下的舊皮，所以只要水容器的尺寸適當，讓個體能夠自由進出的話就不必特別擔心。

並非所有的豹紋守宮個體都需要遮蔽物（山洞），但是有些個體比較膽小，且豹紋守宮在幼體期對環境很敏感，有些品種則是天生視力不佳或是對光線特別敏感等，在這些情況下都必須準備遮蔽物。雖然可以直接用花盆碎片或用紙箱等自製，但是市面上就販售許多性能良好的人工遮蔽物，而且直接購買的話整體看起來也比較漂亮。

■飼養溫度 *Care 03*

豹紋守宮的飼養適溫為25～30℃左右，雖然只要保持18℃以上，大多數的個體就願意進食了，但是其中也有因為溫度偏低，使代謝不活躍，進而不願意抓餌的個體。將飼養箱擺在人類的生活環境裡的情況下，夏季往往會因為開空調的關係，使豹紋守宮所處的環境溫度意外地低（將飼養箱擺在靠近地板的位置時，溫度又更低了，請多加留意）；冬季時的空調會在白天保持一定溫度，有些到了晚上會自動關閉使溫度下降（這時人類已經睡著了，難以注意到），這些情況都很容易對個體造成損害。所以在控制溫度時，不能以可自行調節體溫的人體感覺為主，必須為會受到室外溫度影響的爬蟲類，設定出適當的溫度。

室外溫度偏低時，可以用前面介紹的加熱墊等，打造出能夠溫暖身體的環境。雖然豹紋守宮很耐熱，但是當溫度上升到人類會中暑的地步時，豹紋守宮也會覺得不舒服，所以在這種高溫環境下，仍應將個體的飼養箱挪到涼爽的地方。

雖然豹紋守宮能夠耐得住一定程度的溫度上升或下降，但是耐得住不代表這個環境真的適合牠們生存，所以仍不可輕忽溫度的影響。

■餵餌／給水 *Care 04*

豹紋守宮基本為肉食性，主要吃的是昆蟲，所以飼養時不能餵食蔬菜等，必須給予以蟋蟀為主的餌料型昆蟲。若是提供的食物不會動，豹紋守宮往往不會有什麼反應，這代表必須提供活體的食物。但是有些已經習慣的個體，就會吃冷凍（經解凍）蟋蟀等不會

用竹製鑷子餵餌

動的餌料。接下來要介紹的，就是最常見的活蟋蟀餵食方式。

豹紋守宮的頭部較大，下顎也相當強壯，所以能夠吞下大一點的餌料。不過最恰當的蟋蟀尺寸，還是要比頭部小一圈。每次給餌應放入的數量並無特定，必須依品種與體型等個體本身的條件決定，就算是同一隻個體也會有餓跟不餓的時候，此外，環境氣溫的高低等也會影響個體的食量與反應。用鑷子等1隻隻餵食的時候，則可餵到個體不願意接受的時候；如果是將多隻蟋蟀同時放進飼養箱，放任豹紋守宮自己決定要吃多少時，則建議一次放4～6隻，隔天還有剩的話就先收起來，下次餵食時則減少幾隻；如果每次放入的蟋蟀都有吃完的話，下次就可以再增加個幾隻，慢慢確認個體的食量。

餵食的蟋蟀主要有「黃斑黑蟋蟀」這種黑色的種類，或是「家蟋蟀」這種亮褐色的種類，雖說使用哪一種都沒關係，不過「黃斑黑蟋蟀」似乎比較好消化。另外也可以在餌蟲身上抹鈣質劑與綜合維他命劑的粉末，雖然很多飼主都會忽略這個步驟，但是省略的話很容易因為鈣質不足等，結果對骨骼代謝造成障礙，尤其是處於成長期的幼體與產卵前後的雌性等，都需要在餵餌時用心補充鈣質。麵包蟲這種餌料的營養均衡度不太好，所以不適合常用，但是豹紋守宮會對麵包蟲的動作產生良好的反應，所以當個體的食欲不佳時，也可好好運用這種餌料。

雖然壁虎都生活在乾燥地區，但是豹紋守宮喝水次數卻意外地多。牠們幾乎不會直接從水容器中飲水，主要是當飼主為了替幼體等保濕，而在夜間對著飼養箱的牆面噴水後，豹紋守宮就會舔舐滴落的水珠。另外也應該確認水容器裡的水，有沒有受到糞便等汙染，就算沒有肉眼看得見的髒汙，也應每隔2、3天就換一次全新的水。

■掃除 Care 05

盡可能每次看到糞便或尿液（豹紋守宮的尿液不是液態的，而是白色固體狀）就清掉，由於豹紋守宮有在特定位置排泄的習性，所以可以重點打掃該處。底材的更換頻率依排泄量多寡與髒汙程度而異，基本上應每週更換一次左右，然後每兩週清空飼養箱並完全清洗一次比較衛生。

■上手 Care 06

爬蟲類本來就不是能夠用手觸摸互動的生物，牠們絕對不會因為人類的觸碰而感到開心。撫摸豹紋守宮時，牠們之所以會閉上眼睛，是因為感到厭惡所以想保護眼睛，再好一點也只是單純不在乎而已。認為透過觸碰、撫摸能夠培養感情的想法，單純是人類的一廂情願。但是，畢竟已經將豹紋守宮當成寵物飼養，我無法否定多少會想觸碰個體的心情。豹紋守宮在眾多爬蟲類當中，已經算是較不排斥觸碰的一種，也不太會因為觸碰帶來壞處，所以用手輕觸是沒問題的。將飼養的爬蟲類動物放在手上，就稱為「上手」。

上手時首先要注意的就是別嚇到個體。不管豹紋守宮再怎麼適應飼養環境，如果有人突然將手伸到牠的眼前，還是從背後或尾巴被抓起的話，牠就會憑本能認為有遭敵人捕食的危險，會掙扎想逃（儘管如此，豹紋守宮仍鮮少採取咬人的行動，而這也是此品種能夠大受歡迎的原因之一）。

首先請緩緩地將手伸向個體的腹側，然後用整個掌心包裹住個體，緩緩地抓上來。還不習慣觸碰的個體，會緊張地張開四肢，這時飼主應維持這個動作一段時間，讓個體習慣一下後再放回飼養箱。當個體逐漸習慣這種動作後，就不太會在飼主抓起時掙扎，這時就可以輕緩地觸碰個體的背部與尾巴。但是，應避免將手伸往個體的頭部，因為頭部屬於生物的要害，所以基本上所有動物都討厭頭部遭觸碰。

上手時也應留意個體的特性。就算同屬豹紋守宮，也有分適合上手與不適合上手的類型。基本上無論是哪一隻個體，幼體時都會比較膽小、神經質，所以當然很排斥人類的觸碰，因此在個體成長到一定程度之前，應盡量減少上手的次數。強行抓住膽小的幼體時，牠可能會發脾氣地張大嘴巴，有時也會因為驚嚇過度而自行斷尾。等豹紋守宮長到亞成體之後，個性自然就會變得比較冷靜，所以建議等個體長到亞成體時再開始上手。此外，「白化」與「日蝕」等視力比較不好的品種，因為看不清楚周遭環境，所以會比其他品種還要膽小。飼養這些品種在上手時必須花更多時間等牠們習慣，也應盡量避免突然做出什麼動作，才不會嚇到個體。

■照顧方法依品種而異 Care 07

有些品種的視力比一般個體還差，飼養這些品種時，必須準備昏暗的環境以及遮蔽物，例如：「白化」、「暴龍」等就屬於這類品種。這些瞳孔不具有黑色素的品種，對光的敏感度是其他品種的好幾倍，此外，雖然很多人都不曉得，但是「日蝕」其實也屬於視力不佳的品種。所以飼養這些品種時，就算將飼養箱放在光線昏暗的地方，也應設置遮蔽物讓牠們能夠避開白天的微弱光線。

「謎」以及用「謎」生出的組合品種，會出現特有的擺頭動作，這個現象的程度依個體而異，有時也會出現幾乎不會做出這種動作的個體，有時則會出現歪著頭並順著頭部方向不斷繞圈的個體。雖然這樣的現象對行動以外的健康不會造成影響，但是擺頭現象過於嚴重的個體，沒辦法好好捕食餌料，獵食的技術比較差。照顧這類個體時，飼主必須以鑷子夾餌直接餵食。如果想要將蟋蟀直接丟進飼養箱中，讓豹紋守宮自行吃餌時，則應先將餌料型昆蟲的腳折斷，藉此限制牠們的行動。

豹紋守宮的繁殖

■繁殖之前 *Breeding 01*

實際飼養豹紋守宮之後，才發現原來世界上存在著這麼多品種，有些飼主可能因此萌生出繁殖的想法。豹紋守宮在眾多爬蟲類當中，算是比較容易繁殖的品種，很多飼養者都是先成功繁殖豹紋守宮後，進而將繁殖的觸角延伸至其他壁虎類、蛇類或龜類等。由此可知，爬蟲類的繁殖領域中，豹紋守宮可以說是幫助新手入門的品種。

但是請各位務必了解，包括豹紋守宮在內的所有生物，不是任誰都有辦法繁殖的。日本目前的《動物愛護法》經過修正後，已經規定必須先登記才能夠銷售動物（編按：台灣則於《動物保護法》中規範）。就算成功繁殖出個體，如果沒有登記為業者的話，就不能針對大眾販售。如果打算自己飼養繁殖出的個體時，當然不用擔心這些問題，但是想繁殖後，既不打算自己養也沒有銷售資格的話，會使繁殖變得沒有意義。所以，如果不打算終生飼養自己繁殖出的個體時，就必須先去熟悉的寵物店等諮詢一下，確認對方能否接手自己繁殖出的個體等問題後，再開始著手繁殖。

■繁殖的準備工作 *Breeding 02*

雖然豹紋守宮是爬蟲類繁殖的入門品種，但是仍必須了解一定程度的基本事項，才有機會成功。首先，請思考要讓繁殖成功的絕對條件吧。

第一個要素，當然就是湊齊已達可繁殖大小的雄性與雌性。雖然很難判斷什麼樣的大小才適合繁殖，但是國外的育種家，都會提供建議的體重。根據這些數值可以知道，當雄性的體重達到45g以上，雌性則是達到50g以上時就可以繁殖了。以標準的全長與體重比率來算的話，前述體重等同於豹紋守宮長到可視同成體的18cm左右時的標準體重，所以各位不妨以此為基準。此外，最好同時考慮體重與年齡比較好，雄性最少應在出生後一年左右，雌性的話應再多養一陣子，才能夠避免卵細胞不夠成熟等問題。

不管是以哪一種為基準，讓豹紋守宮太早就交配的話，會減緩後續的成長速度，所以建議好好飼養幼體，順利地餵養一年左右，等個體成熟後再開始繁殖。

■判斷雌雄的方法 *Breeding 03*

以豹紋守宮為首的壁虎一族，都算是比較好從外觀判斷性別的品種。整體來說，雄性的體型會比雌性更大且壯碩，頭部也較寬較大。雌性的臉部線條比雄性圓潤、柔和，大部分的體型都比較嬌小。

最容易分辨的關鍵處就在總排泄孔附近，想要判斷雌雄最基本的方法，就是觀察此處。雄性成熟的時候，總排泄孔附近會有兩處隆起，這裡就稱為「隆起處」。而雄性的半陰莖，就收納在隆起處裡面，因此這樣的隆起不會出現在雌性身上。但是，實際上有些雌性個體也會與雄性一樣，出現隆起的現象，不過不會像雄性一樣，很明顯地分成兩塊，而是整體均一地隆起。

另外一個判斷的方法，就是觀察總排泄孔上方（靠近頭的這一邊）鱗片的排列形狀。雄性豹紋守宮的此處會出現開著小孔的鱗片，並排成明顯的V字型，這就稱為「前肛孔」。雌性的前肛孔與其他鱗片無異，也不會有明顯的V字型出現。

只要同時確認有無隆起處以及前肛孔，基本上就能夠確實地分辨個體的性別。但是，想判斷這兩個性徵的大前提，是個體必須夠成熟。當個體處於未成熟的幼體期至亞成體期時，前肛孔還沒發育完全，所以單憑肉眼是很難確認的（有些人會用放大鏡判斷），這時通常只能靠隆起處的狀況想辦法判斷雌雄，因此建議各位還是等個體夠成熟時再進行判斷，得到的結果才會比較準確。

以豹紋守宮為首的部分爬蟲類，會透過孵卵時的溫度決定子代的性別，這種現象稱為「溫度決定型性別決定方式」。當孵卵溫度在29.5～30.5℃時，生出的性別機率為雄性與雌性各50%，如果溫度低到26℃的程度時，就會生出雌性的子代；如果孵卵溫度達到32～33℃的高溫時，通常會生出雄性。有趣的

是，當孵卵溫度超過34℃時，生出雌性的機率又增至一半。所以有些育種家會善用這種由溫度決定性別的特徵，使用特定的溫度孵卵，如此一來，就能夠提升在幼體時判斷性別的準確度了。但是，「溫度決定型性別決定方式」目前還只是理論而已，實際操作時很難控制孵卵溫度，使其保持恆溫（就算使用能夠保持恆溫的孵化器，溫度也會受到門的開關等因素而產生變化），所以請將這種性別決定方式，當成一種判斷雌雄的參考資料。

不管怎麼說，想要精準判斷出雌雄的話，仍必須等到成體出現明確性徵後，所以想早點著手繁殖的人，直接購買已經確認好性別的成體比較好。

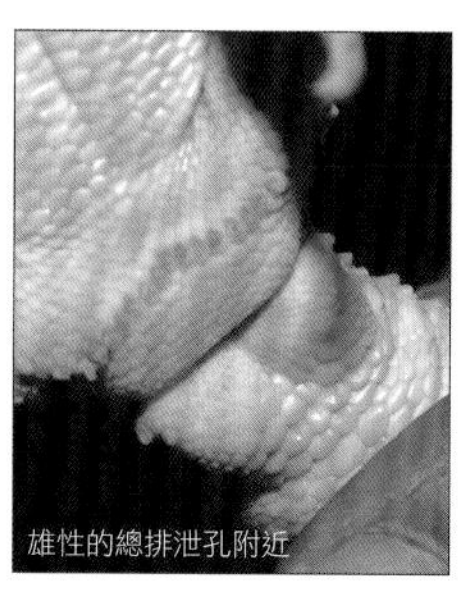

雄性的總排泄孔附近

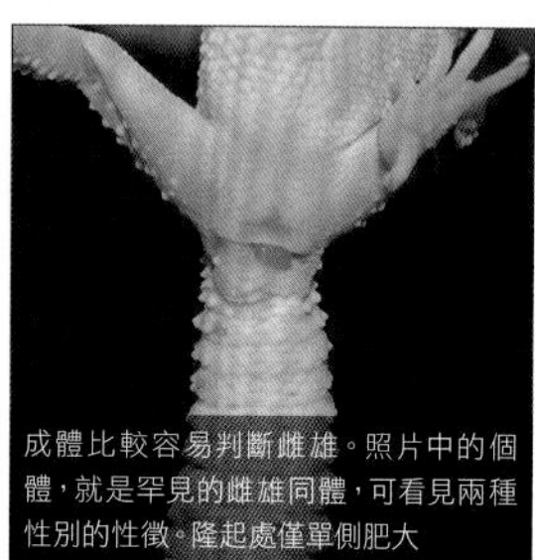

成體比較容易判斷雌雄。照片中的個體，就是罕見的雌雄同體，可看見兩種性別的性徵。隆起處僅單側肥大

■繁殖的步驟～降溫

Breeding 04

豹紋守宮一年有一次繁殖期，當牠們生存於大自然時，會在冬季溫度下降後才開始交配、準備繁殖。因此，飼養豹紋守宮時，只要模擬出冬季般的環境，就能夠誘發繁殖行為。近年市面上流通的豹紋守宮都經過累代飼養，逐漸變成家畜，所以就算沒有模擬野生下的季節溫度變化，有些個體也會出現繁殖行為，開始交配。不過，模擬出冬季般的環境（低溫處理，也就是降溫、冷卻等）時，可以更確實地誘發繁殖行為。在降溫以前，必須先確認好要用來繁殖的親代個體，是否已經長得夠胖了，尾巴是否儲蓄了充足的脂肪。如果個體偏瘦的話，可能會因為降溫而平白消耗體力，該年度說不定就沒辦法繁殖了。

確定親代的雌雄兩隻個體都已經成熟時，就必須先暫停日常餵食，然後靜待一週確認個體是否有排便。有看見糞便的話，就代表最後一次餵食時的餌料已經消化完畢，這時就可以開始進行降溫程序了。如果平常的飼養溫度是25～30℃左右時，只要將溫度降到18℃左右就行了。這時飼主應留意的是，不可以一口氣就把溫度降到這麼低，必須花1～2週的時間，將溫度循序漸進地慢慢調低。乍聽之下或許會覺得很困難，但是緩緩降溫其實並不是什麼複雜的事情，頭2～3天時請先將貼在飼養箱上的加熱器關掉，接下來再花2～3天將飼養箱改放到靠近地面的位置（就算都在同一間房間，低處的溫度仍比高處低），還需要再進一步降溫的話，就再花2～3天將飼養箱搬到飼養房間外（走廊等），透過循序漸進的方式，將最終溫度降到18℃前後。當然，並不需要嚴守18℃這個數值，大部分的情況下，只要降到20℃左右，個體也會開始發情，就算想做得徹底一點，將溫度降到15℃左右，也不會對健康造成損害。

降溫的過程中，當然也要減少提供的餌量（豹紋守宮的代謝在這個時期非常低落，所以對餌料的反應也會變得遲鈍），但是切記不能疏忽水容器，必須一直保持有水的狀態。大部分的情況下，豹紋守宮的體溫會隨著降溫而變低，體色也會變得沒那麼鮮豔，整體看起來比較黯淡，但是等溫度上升後，就會慢慢地恢復鮮豔的色澤，所以不用擔心。

像這樣降到目標溫度後，請維持這個狀態一個月左右。這段期間不要餵餌，但是要確實供水。豹紋守宮粗胖的尾巴具有囤積脂肪的功能，在這段溫度偏低的期間裡，個體必須燃燒此處的脂肪以產生能量，所以用來繁殖的個體必須夠胖才行。保持一個月左右的低溫期後，接著再花兩週左右的時間，慢慢調回原本的飼養溫度吧。恢復原本的飼養溫度後，這個「降溫」的步驟就告一段落了。

■繁殖的步驟～交配

Breeding 05

接下來終於要來到繁殖的關鍵步驟——交配了，為此必須讓雌雄個體住在一起。到底是要將雄性放進雌性的飼養箱，還是要將雌性放進雄性的飼養箱裡，目前眾說紛紜，但是個人覺得怎樣都無所謂。沒看過的人可能會覺得驚訝，不過到這個步驟時，雄性的尾巴會劇烈震動，並主動靠近雌性，還會發出令人訝異的劇烈聲響。不過個體很少因為這種看似具攻擊性的行為而打起來，所以不用刻意分開兩隻個體，靜靜在旁守護著就行了。雌性有意願的話，就會抬起尾巴，表現出接納雄性的態度。雄性會輕咬雌性的頸部，藉此固定好雙方的姿勢後就開始交配。將雌雄放進同一個飼養箱後，有時候雄性會遲遲沒有反應，有時則是雌性不願意回應雄性的求歡。這種情況下，只要靜置一個晚上以上（頂多2～3天左右），就會開始交配了。如果雌性對雄性表現出非常排斥的態度時，也可以先放棄，將雌雄分開之後等一週左右再重新嘗試。分開一段時間後，雌性仍繼續迴避雄性的求歡時，可能是這對豹紋守宮天生不合，不要強行讓牠們同住比較好。

此外，想湊對交配時，也可以將1隻雄性與多隻

交配

雌性放在一起。生存在野外的豹紋守宮，本來就是由1隻雄性搭配數隻雌性的後宮狀態，所以只要別讓多隻雄性住在一起的話，就能夠順利交配。

等雌雄同居數天後，就將雄性與雌性個體放回原本的環境個別飼養比較好。因為就算雌性已經抱卵，雄性還是會維持發情的狀態，如此一來會對雌性的身體造成負擔。如果想提高交配的效果時，也可以將雌雄個體分開一段時間後，再讓雙方同居幾天以增加機會。

■繁殖的步驟～從抱卵到產卵 *Breeding 06*

交配完的雌性為了補足體內製造卵時的營養，這個時期的食欲會大增，如果這段期間提供的餌料質與量都不足的話，就沒辦法產出完美的卵，甚至可能使雌性本身也出現營養不足的現象，所以必須好好地提供富含鈣質與維他命的餌料型昆蟲。平常也應縮短餵餌的時間間隔，只要雌性個體對餌料的反應沒有變遲鈍的話，就能夠繼續餵食。

交配後10天左右，就會看見雌性的腹部隱隱約約看得見卵的形狀，這個現象就稱為「抱卵」。豹紋守宮每次產出的卵一定都是兩顆，所以這時應該可以看見雌性個體的肚子裡，隱約透出兩顆卵狀的白色影子。但是，有些個體的腹部不容易透露出內容物，所以就算沒看到肚子裡有卵，也不代表該個體真的沒有處於「抱卵」的狀態，所以必須格外留意。抱卵期間依個體而異，較快的大約抱卵兩週左右就會生出來，較久的可能還會抱上接近兩個月。

接近產卵的時候，雌性的腹部會像臨盆孕婦一樣隆起。真正逼近產卵時，雌性個體的食欲會驟然停止，因此看到雌性個體突然不吃餌料的時候，就應意識到即將產卵了。這段期間雌性個體會在飼養箱躁動地跑來跑去，還會扒抓牆角等處。這是因為牠們在尋找適合產卵的地方，想挖洞來產卵的關係。建議在雌性個體出現這種行為之前（可以的話，在雌性個體的腹部開始膨脹時就著手），就先準備好產卵的地方。這時建議準備能夠容納整隻雌性個體的保鮮盒等，並鋪上稍微沾濕的（用手擰時不會溢出水分的程度）蛭石或黑土等，並在蓋子挖開能夠容納雌性個體進出的洞，如此一來，雌性個體在挖洞產卵時，裡面的底材就不容易跑出來了，相當方便。如果雌性個體喜歡飼主準備的產卵盒就會進去，並在底材上挖洞產卵。但是，有時候飼主精心準備了產卵盒後，個體卻選擇在飼養箱的角落等處產卵。這時，只要在卵生下來後趕緊移到孵化器裡，卵就不會乾掉，所以請別因此就放棄，趕快把卵拿去孵化吧。此外，有時個體也會把卵產在水容器裡，所以覺得個體即將產卵時，就應先拿走水容器，並對著飼養箱的牆面噴水，藉此幫個體補充水分即可。否則，當個體將卵產在水容器的水中時，這些卵常常會因為無法呼吸而活不了。

孵卵容器

雖然還不是很確定，不過很多個體都是在滿月的當天或前後產卵，所以也可以參考月齡表等，藉此估算出個體的產卵日。

豹紋守宮每一次產出的卵（clutch size1；同腹卵數）是兩個，每隻雌性在一個季節內會產3～5次卵，通常會在第一次產卵的一個月後左右再次產卵，也就是說，一隻豹紋守宮一年內會產6～10顆卵。

■繁殖的步驟～孵卵 *Breeding 07*

等雌性個體將卵產進產卵盒之後，就應盡速回收孵化。將卵留在飼養箱中的話，有可能被雌性個體踢到，使孵化率下降，所以飼主必須收到氣溫／濕度都穩定的地方好好保管，並應維持適當的環境條件。而這樣的步驟，就稱為「孵卵（incubation）」。確認雌性個體順利生下卵之後，應先用麥克筆等做好記號，避免在換地方時上下顛倒。如此一來，萬一不小心讓卵滾落時，也能夠立即分辨上下。做好記號後，就緩緩地取出卵吧。豹紋守宮的卵不像雞蛋一樣有硬殼覆蓋，摸起來就像有彈性的皮膚般，因此，拿取時就算不小心力道沒拿捏好，也不會輕易破掉，但是仍應非常溫柔地對待這些脆弱的卵。

從產卵盒中取出的卵，應立即移到孵卵底材裡。只要在布丁盒等容器裡，放入蛭石與水混合，就可以打造出孵卵底材。蛭石與水的比例應為1：1左右，不能呈現一壓就會出水的濕潤狀態，要讓蛭石看起來吸收了水分即可。因此，在蛭石上灑水後，請先用手用力壓壓看，維持在不會滴出水的程度是最恰當的。孵化材不一定要使用蛭石，只要能夠含有某種程度的水分，且不容易變質就可以了，例如：紅玉土等（可以透過色澤確認保濕狀態，相當方便）；最近市面上也買得到以珍珠岩製成的孵卵專用底材，直接使用現成產品也沒問題。製成孵卵底材之後，就將卵依原本的方向排列，孵卵底材的硬度最好是以指尖輕觸會微微凹陷，然後卵放在裡面時不會滾動就好了。

在杯子裡放好孵卵底材與卵之後蓋上蓋子，將內部濕度維持在80～90％左右——以肉眼來判斷的話，蓋著蓋子的杯子內部有淡淡的水蒸氣是最恰到好處的程度，另外，也建議在蓋子上開設幾個通風口，藉此調節濕度。

接下來要連同這個杯子放進溫度變化較少的地方孵卵。市面上售有能夠調整溫度的專用孵化器（INCUBATOR），能夠非常精準地控制

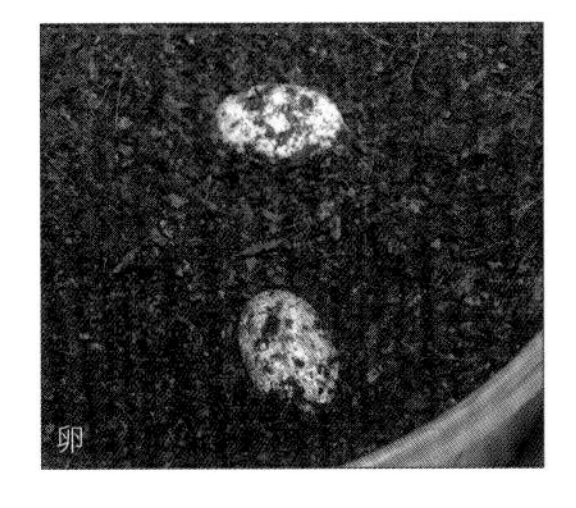
卵

溫度，很適合目標成為育種家的飼主使用，這種器材有助於提升孵化效率、控制孵化溫度以左右性別等。就算不使用這麼專業的孵化器，只要安置在26～32℃左右溫度變化不大的地方（例如飼養房間的架子上等）也能夠順利孵化。應避免溫度變化劇烈、會被陽光直射、或溫度會低至25℃以下或高至35℃以上的地方等。

■孵化 *Breeding 08*

從產卵到孵化之間的天數，與抱卵期間依個體而異，較快的將近一個月就孵化，較慢的則必須等上兩個月。雖說以較高的溫度孵卵時，有比較早孵化的傾向，但是仍不能一概而論。有些卵在孵化過程中，會出現明顯的凹陷或是變色現象，這可能代表孵化過程中斷了，所以飼主可以計算個大概的時間，超過之後就可以放棄了。有些卵殼會發霉，不過這有時候與卵本身的存活與否無關，所以請拿紙巾等輕輕擦掉吧。

如果卵有順利發育的話，就會變得比剛生下來時更大，愈接近孵化的日期時，卵殼就會更有彈性，並呈現微微膨脹的狀態。即將孵化時，卵殼表面會出現水滴，也會慢慢浮現細小的裂痕，這代表幼體正準備破殼而出。在幼體能夠自行破殼之前，千萬不可以出手干預。雖然飼主這時肯定很想幫忙剝殼，但是幼體會在肚臍仍與蛋黃相連的狀態下，邊將蛋黃吸進體內邊破殼，如果飼主貿然出手幫忙的話，幼體就沒辦法順利吸收蛋黃。

幼體完全破殼而出時，請先讓幼體在孵化容器中渡過一晚，隔天早上再從孵化容器移到飼養容器。剛孵化出來的幼體比成體還要怕乾燥，所以建議在飼養箱中，擺上塞滿濕潤水苔的保鮮盒等。幼體誕生之後沒幾天就會面臨第一次脫皮，請等初次脫皮之後再開始餵食。有時因為孵化完畢沒多久，體內還殘留著蛋黃，有些個體會等身體將蛋黃吸收完畢後才開始獵食。因此，就算一開始發現幼體不願意進食時，也不必太過慌張。一旦幼體開始吃餌料時，就可以慢慢調高環境溫度，幫助個體慢慢成長。在幼體期好好地餵餌，並保持偏高的溫度時，能夠讓未來的色澤更加漂亮。

豹紋守宮的疑難排解

Q 我被咬了！

A 豹紋守宮的個性較為安分，不太會咬人。但是比較膽小的幼體期以及視力較差的品種等，會對環境變化較為敏感，所以容易出現張大嘴巴、震動尾巴、發出叫聲等防禦行為，但是就算出現這些行為仍很少真的咬過來。儘管如此，畢竟豹紋守宮是種生物，所以凡事沒有絕對，飼主並不是百分之百不可能被咬。由於豹紋守宮沒有毒，所以被咬到時頂多嚇到或感到微微的疼痛（被成體咬的話可能會稍微滲血）。這時請將傷口清洗乾淨，再好好消毒以防萬一的話就沒什麼問題了。反過來說，這時其實應檢討的是飼主在對待豹紋守宮時的行為可能有問題。例如：突然把手指伸到個體面前、或是抓住個體時沒有拿捏好力道，有時則是手上還殘留著蟋蟀之類的味道等，大部分的情況下，飼主會遭到豹紋守宮攻擊都是因為犯了這些錯誤。所以被豹紋守宮咬到之後，請不要慌張，冷靜地反省自己的行為，同時也別忘了豹紋守宮可能會因為咬人而使得下巴受傷。

＊＊＊

Q 豹紋守宮逃走了！

A 豹紋守宮不太會爬上爬下，但是如果飼養箱過低又沒有蓋子的話，當然會逃走。所以準備飼養箱時，應先確認有沒有會讓豹紋守宮順著爬出箱外的地方（如果使用的是玻璃水族缸，除了配置在箱中的器材可能讓豹紋守宮爬出去，邊角的矽利康部分也會成為很好的踩腳處）。補充一下，如果不打算加蓋時，箱子的高度最少也應是個體全長的兩倍以上，但是這邊還是建議選擇有蓋子的飼養箱。可以的話，隔出一間飼育室，藉由門等內裝將飼養處與其他空間隔開也不錯。萬一豹紋守宮真的逃走時，必須先確認有沒有跑到室外。有時豹紋守宮會順著窗簾等攀到意想不到的高處，此外，由於牠們喜歡陰暗處，所以也可以找找桌子及冰箱底下或摺好的衣物內等處，找完家中後也應地毯式搜索住宅周遭，務必要找出逃脫的個體。否則，如果是由非爬蟲類飼育者的鄰居找到個體的話，可能會把事情鬧大。無論豹紋守宮多麼無害，對飼主來說再怎麼可愛，從根本不曉得豹紋守宮的人的眼中看來，卻可能是種可怕的生物。此外，如果因此將事情鬧大的話，說不定會逼得政府不得不祭出飼養法規等，演變成這樣的事態時，會對其他飼育者造成莫大的困擾。這並不是危言聳聽，因為爬蟲類飼育領域中最應注意的事情，就是不能讓個體逃走。

＊＊＊

Q 豹紋守宮斷尾了！

A 守宮與壁虎等生物會在察覺到危險時，自行切斷自己的尾巴（稱為「自行斷尾」）。雖然豹紋守宮隨著累代飼育，野生本能變得愈來愈薄弱，但仍有少數個性比較敏感的個體等，還是會在某些情況下發生自行斷尾的情況。不過，通常受到飼養的豹紋守宮，都不是因為感受到危機而自行斷尾，往往是因為飼主將數隻幼體期的個體養在一起，結果因為某種原因互咬後咬斷了，或者是飼主捕捉的方式有誤（例如強力抓住尾巴等），才會引發牠們自行斷尾的行為。雖然豹紋守宮自行斷尾後，會再生出新的尾巴，但是尾巴具有儲藏能源的功能，因此個體斷尾之後，必須格外留意餵餌的狀況，不能餓到斷尾的個體，同時也應勤加保持飼養箱的清潔，避免弄髒尾巴的斷面。雖然長出再生尾的個體，外觀看起來有些奇怪，但是仔細品味的話也可以發現蘊含其中的魅力。斷尾不會影響豹紋守宮的健康與繁殖，因此不必因為看到個體擁有再生尾就避而遠之。

＊＊＊

Q 脫皮的狀況不順利

A 飼育環境的濕度不足時，可能會讓個體的身上還殘留應脫落的外皮。通常豹紋守宮會用嘴咬下脫落的舊皮，並吞進肚子裡，但是面臨濕度不足等情況時，舊皮就不夠柔軟，會使指尖、尾巴尖端、頭部等處的舊皮無法剝除乾淨。指尖及尾巴尖端等的脫皮不完全會造成血液循環不良的問題，在下一次脫皮時，殘留舊皮的地方又會再次脫皮失敗，最後可能導致肢體末梢壞死。所以，發現個體的肢體尖端部還殘留舊皮時，請用沾濕的紙巾等裹住該處一段時間，藉此軟化舊皮後，再以鑷子等小心翼翼地剝除。為了預防個體脫皮不完全，應在個體開始脫皮之前（全身呈現白濁色澤時），往飼養箱內牆等噴水，或是準備較大的水容器，讓個體能夠全身都泡入水中。此外，如果飼養箱中擺有素燒遮蔽物等表面粗糙的器材時，也可以幫助個體摩擦身體，促進脫皮。

＊＊＊

Q 豹紋守宮變瘦了

A 如果餵的餌料不夠的話，豹紋守宮變瘦也是正常的，但是如果已經縮短餵食的間距，只要個體想吃就立即餵食的情況下，個體還是變瘦或把吃進肚子裡的餌料吐出來時，就可能是消化器官生病或是感染了寄生蟲，必須格外留意。如果是溫度不足造成的消化不良時，只要在飼養箱中擺入加熱器，適度提升飼育溫度的話就可以了；如果是感染寄生蟲的話，事情就沒這麼簡單了。當豹紋守宮出現這類情況時，多半是感染了原生動物所引起的，這種病症名為「隱孢子蟲病（cryptosporidiosis）」，會引發的症狀包括反覆嘔吐及腹瀉、體型明顯消瘦。這時應觀察有沒有將食物吐出來的現象，也應多留意個體的排泄物狀態，如果發現飼養箱裡散布著粉狀物質時，就有可能是感染了「隱孢子蟲病」。可惜的是，目前並沒有完全根治「隱孢子蟲病」的療法，只能減輕症狀並提升個體免疫力以對抗病魔。當個體感染了「隱孢子蟲病」時，只要能夠保持個體的體力，並維持高溫的飼養環境，再減輕對腸胃的負擔時，就算發病也能夠避免情況惡化。這種病症通常是以其他個體的糞便等為媒介傳染，因此發現有個體疑似感染此病症時，應立即隔離，同時也應使用獨自的飼育器材等，不能與其他個體共用任何物品，重視「預防勝於治療」的原則。此外，當個體出現可能染病的症狀時，就應立即帶到評價良好的爬蟲類動物醫院接受診斷。有些動物醫院只診察貓狗而已，所以事前應致電確認，找到能夠好好診療爬蟲類的醫院。

＊＊＊

Q 豹紋守宮不肯進食

A 很多人都認為飼養豹紋守宮時，不需要在保溫方面下太多工夫，這樣的認知並不算錯，但其實別忘了豹紋守宮是種喜歡溫度偏高的生物。當飼育溫度降低到20℃左右時，食欲就會稍微變差，但是這樣的溫度對人類來說頂多覺得有點冷而已，所以會錯判情況，認為「明明室溫不低，個體卻食欲不振」。因此，發現豹紋守宮食欲變差時，應先確認飼育溫度——最起碼應保持25℃以上，可以的話調高到30℃左右會更好。尤其是飼養豹紋守宮幼體時，環境溫度必須比飼養成體時更高一些。如果溫度已經調高了，個體仍然不怎麼吃餌，且該個體屬於雌性成體的話，也有可能是因為產卵時間逼近了。如同在「繁殖」項目介紹過的一樣，雌性在即將產卵時會暫停進食。

如果是剛帶回家沒多久的個體，那就可能是因為飼育環境變化，或是提供的餌食與以往的不同，使個體一時之間無法適應的關係。有些美國育種家習慣餵蟲，當這些個體剛被日本飼育者飼養時，可能還不曉得日本飼育者提供的蟋蟀是牠們的食物。不過，大部分的個體經過一段時間後，都會開始對食物有所認知，所以當個體還有體力且看起來壯碩的話，就不用太焦急，慢慢等個體餓到想吃的時候吧。

＊＊＊

Q 豹紋守宮的身體變形

A 當豹紋守宮攝取的鈣質不足時，可能會對骨骼代謝造成阻礙，使身體局部變形。最常見的情況，就是前腳往內側彎曲，這還是開端而已，後續會發生更嚴重的骨骼代謝問題。嚴重時，個體的頭骨（尤其是下顎）可能會突出變形（有時會從這種現象開始發生），漸漸地就難以咀嚼食物了。此外，再進一步惡化的話，個體的背脊、腰骨與尾等都會開始彎曲。這都是因為慢性鈣質不足所造成的。

鈣質不足的原因有很多種，包括單純是鈣質攝取量不足，或是已經提供了足夠的鈣質，但是身體卻缺乏能夠促進吸收的維他命D。這時就得思考餌食中的磷質與鈣質是否不夠均衡，或是缺乏了哪些營養。此外，當卵在雌性的體內成形時，會一口氣消耗大量鈣質，這時也容易對骨骼代謝造成阻礙。無論原因是什麼，飼主都必須從日常餵食時，就多留意餌食中的鈣質等礦物質的攝取量，目前市面上銷售的補鈣營養食品中，也會添加綜合維他命或微量的其他礦物質，搭配這些營養食品，或是塗在昆蟲等餌料身上，幫助個體攝取所需的營養。如果豹紋守宮的身體變形狀況還屬於初期症狀時，接下來只要幫助個體攝取足夠的鈣質，多半會恢復原狀。

著　海老沼 剛

1977年生於橫濱。兩棲爬蟲類專賣店「Endless Zone」(http://www.enzou.net/)店長。著有《爬虫・両生類ビジュアルガイド トカゲ①》與同系列之《トカゲ②》、《カエル①②》、《水棲ガメ①②》、《爬虫・両生類飼育ガイド ヤモリ》、《爬虫・両生類パーフェクトガイド カメレオン》與同系列之《水棲ガメ》、《爬虫類・両生類ビジュアル大図鑑1000種》、《世界の爬虫類ビジュアル図鑑》、《世界の両生類ビジュアル図鑑》（誠文堂新光社）、《カエル大百科》（マリン企画）、《爬虫類・両生類1800種図鑑》（三才BOOKS）等多數書籍。

編輯・攝影　川添 宣広

生於1972年。早稻田大學畢業後，進入出版社工作，於2001年獨立創業(E-mail novnov@nov.email.ne.jp)。以兩棲爬蟲類專門雜誌《CREEPER》為首，除《爬虫・両生類ビジュアルガイド》、《爬虫・両生類飼育ガイド》、《爬虫・両生類ビギナーズガイド》、《爬虫・両生類パーフェクトガイド》等系列之外，也曾經手《爬虫類・両生類ビジュアル大図鑑1000種》、《日本の爬虫類・両生類飼育図鑑》、《爬虫類・両生類の飼育環境のつくり方》、《エクストラ・クリーパー》、《世界の爬虫類ビジュアル図鑑》、《世界の両生類ビジュアル図鑑》、《かわいいは虫類・両生類の飼い方》、《アロワナ完全飼育》（誠文堂新光社）、《ビバリウムの本 カエルのいるテラリウム》（文一総合出版）、《爬虫類・両生類1800種図鑑》（三才BOOKS）等多數相關書籍與雜誌。

協力　アクアセノーテ、aLiVe、ESP、HBM、エンドレスゾーン、オリュザ、加藤学、カミハタ養魚、草津熱帯圏、クレイジーゲノ、クロコ、小家山仁、サムライジャパンレプタイルズ、ジャパンレプタイルズショー、須佐利彦、スティーブ・サイクス、高田爬虫類研究所沖縄分室、ディノドン、どうぶつ共和国ウォマ+、戸村はるい、ドラゴンハープタイルジャパン、永井浩司、バグジー、爬虫類倶楽部、B・Boxアクアリウム、V-house、プミリオ、不二屋、ぶりぃ堂、ぷりくら市、ペットの小屋、松下亮、松村しのぶ、マニアックレプタイルズ、安川雄一郎、油井浩一、ラセルタルーム、リミックス ペポニ、レップジャパン、レプタイルショップ、レプレプ、ロン・トレンパー、Y. T. 等多數。

照片提供　エンドレスゾーン

DESIGNED BY *IMPERFECT*
ART DIRECTION 竹口 太朗 / DESIGN 平田 美咲

Staff

豹紋守宮超圖鑑
一本掌握守宮生態及品種解析

2016年 11月 1日 初版第一刷發行
2024年 5月 1日 初版第八刷發行

著　　者　海老沼 剛
編輯・攝影　川添 宣広
譯　　者　黃筱涵
編　　輯　劉皓如
發 行 人　若森稔雄
發 行 所　台灣東販股份有限公司
<地址>台北市南京東路4段130號2F-1
<電話>(02)2577-8878
<傳真>(02)2577-8896
<網址>www.tohan.com.tw
郵撥帳號　1405049-4
法律顧問　蕭雄淋律師
總 經 銷　聯合發行股份有限公司
<電話>(02)2917-8022

國家圖書館出版品預行編目資料

豹紋守宮超圖鑑：一本掌握守宮生態及品種解析 / 海老沼 剛著；黃筱涵譯.
-- 初版. -- 臺北市：臺灣東販, 2016.11
128面；18.2×25.7公分
ISBN 978-986-475-173-0(平裝)

1.爬蟲類 2.寵物飼養

437.39　　105018583

參考文獻、參考website

- The Eylash Geckos
(Hermann seufer, Yuri Kaverkin, Andreas Kirschner：Kirschner & Seufer verlag)
- Leopard Geckos: the Next Generations (Ron Tremper)
- The Herpetoculture of Leopard Geckos
(Philippe de Vosjoli, Ron Tremper, Roger Klingenberg: Advanced Visions Inc.)
- Der Leopardgecko - *Eublepharis Macularius*
(Melanie Hartwig: NTV Natur und Tier-Verlag)
- クリーパー（クリーパー社）
- ビバリウムガイド（エムピージェー）
- 可愛いヤモリと暮らす本（冨水 明：エムピージェー）
- Reptile Calculator (http://www.reptilecalculator.com/)
- Leopardgecko.com(http://www.leopardgecko.com/)
- Der Leopardgecko(http://gecko-gecko.jimdo.com/)
- Leopard Gecko Wiki(http://www.leopardgeckowiki.com/)

與其他網站等等

Reptiles & Amphibians Photo guide Series

Leopard Gecko